ビジュアル
はてな
マップ

JN026026

現地調査で実感！

知っておきたい
地球史の重大イベント40

世界自然遺産が伝える地球の成り立ち

古儀 君男［著］ ／ 竹内 章［監修］

技術評論社

はじめに

　2021年現在、ユネスコが定める世界自然遺産には複合遺産を含め257件が登録されている。そこは多様性や美しさに満ちた地球の価値を教えてくれる貴重な場所だ。本書は地球の成り立ちをテーマに据え、それらが垣間見える自然遺産に焦点をあてた。

　ユネスコは世界自然遺産について4つの登録基準を設けている。その中で貴重な生態系や生物多様性、類まれな自然美・自然現象に加え、「生命進化の記録や地形の形成に重要な地質学的過程、あるいは重要な地形学的・自然地理学的特徴を含む地球史の主要な段階を代表する」もの、があげられている。

　つまり世界自然遺産にはさまざまな地質現象や地球の成り立ちを語る上で欠かせない貴重な場所が数多く含まれている。自然遺産を訪れる際にはこうした登録理由やその具体的な内容を理解して見て歩くと地球そのものへの理解と楽しみ方が深まるに違いない。

　本書ではまず、地球のしくみと地球史の重要なイベントをピックアップし、250カ所を超える自然遺産の中からそれらが垣間見える場所62カ所（一部文化遺産を含む）を選んだ。地球最古の岩石や化石、全球凍結など、地球にとって重要なイベントを記録する場所を欠いているとはいえ、世界の自然遺産から地球について多くのことを学ぶことができる。

　本書は順番を考慮して構成されているが、どこから読んでも良いように、また数多く取り入れた写真や図版からおおよその内容をつかんで頂けるようにした。本書を通して地球の素晴らしさや不思議さに思いを馳せ、実際に行ってみたいと感じていただければと思う。

　なお本書で記した内容の多くは、いちいち出典を示していないが、たくさんの研究者による成果を引用、紹介するかたちで記載してあることをお断りしておく。

古儀 君男

プトラナ高原

シンクベリトル

スルツェイ島

ハイ・コースト

クヴァルケン群島

レナ川石柱
自然公園

ジャイアンツ
コーズウェイ

ステウンス・クリント

バイカル湖

ジェラシック
コースト

メッセルピット

ユングフラウ・
アレッチ氷河

サルドナ

知床

サンジョルジオ山

シェヌデピュイ

エオリア諸島

九寨溝

チェジュ島

アルハンブラ
宮殿

エトナ火山

黄龍

弥山
（厳島神社）

イビサ島

ワディ・アル・ヒタン

峨眉山

サガルマータ
（エベレスト）

石林（中国南方カリスト）／澄江

ハロン湾

オモ川下流域

トゥルカナ湖

ンゴロンゴロ

キリマンジャロ

マラウィ湖

ピクトリアの滝

レユニオン島

ナミブ砂漠

ウルル

バーバートンマコンジュア山脈

シャーク湾

フレデフォート・ドーム

ケープ植物区

タスマニア原生地域

● 世界自然遺産（58）　○ 世界文化遺産（4）

紹介する58の世界遺産

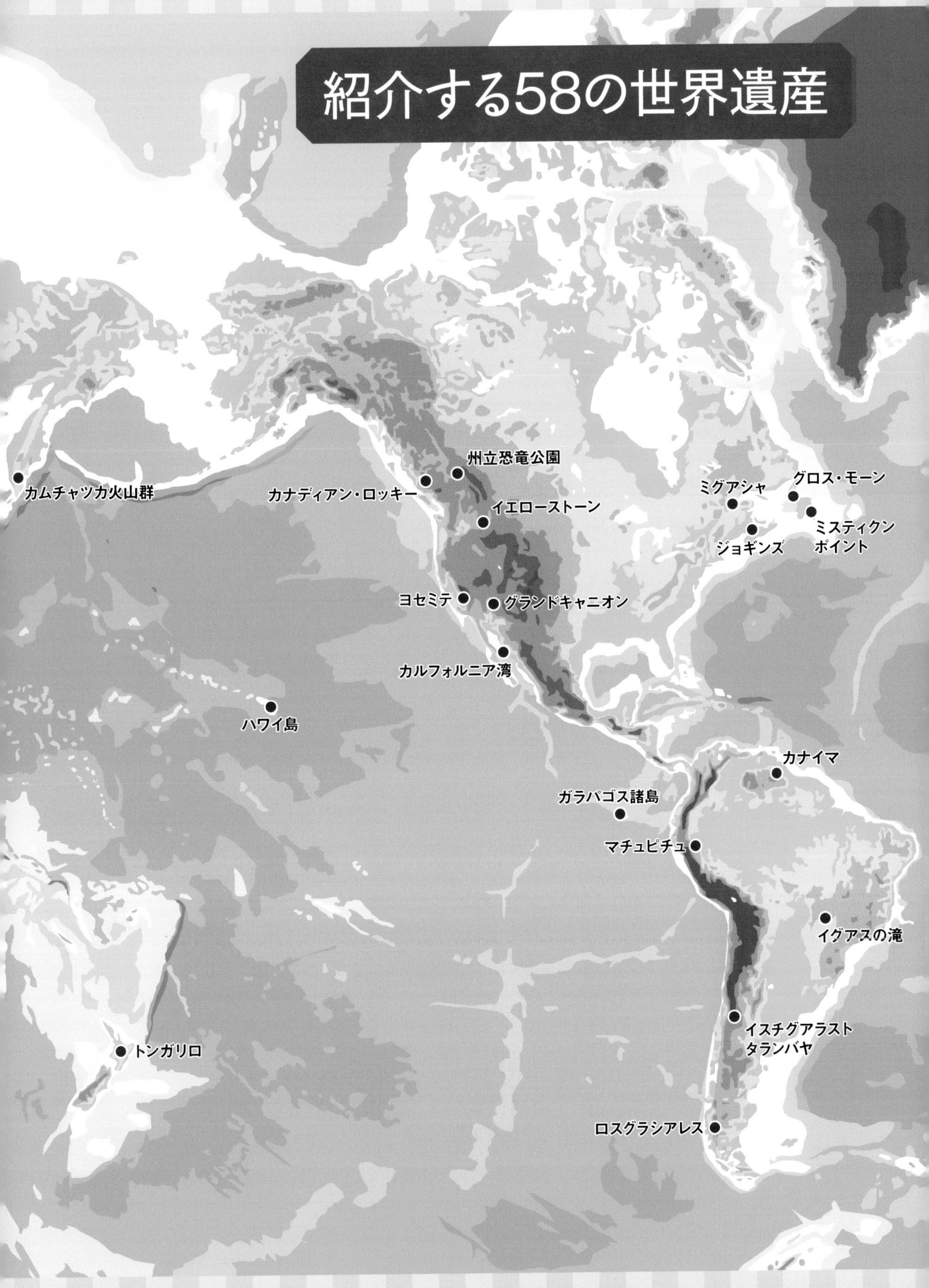

カムチャツカ火山群

州立恐竜公園

カナディアン・ロッキー

イエローストーン

ミグアシャ

グロス・モーン

ジョギンズ

ミスティクンポイント

ヨセミテ

グランドキャニオン

カルフォルニア湾

ハワイ島

カナイマ

ガラパゴス諸島

マチュピチュ

イグアスの滝

トンガリロ

イスチグアラストタランバヤ

ロスグラシアレス

Contents

第2部

第1部 地球のいとなみ

第1部 地質年表

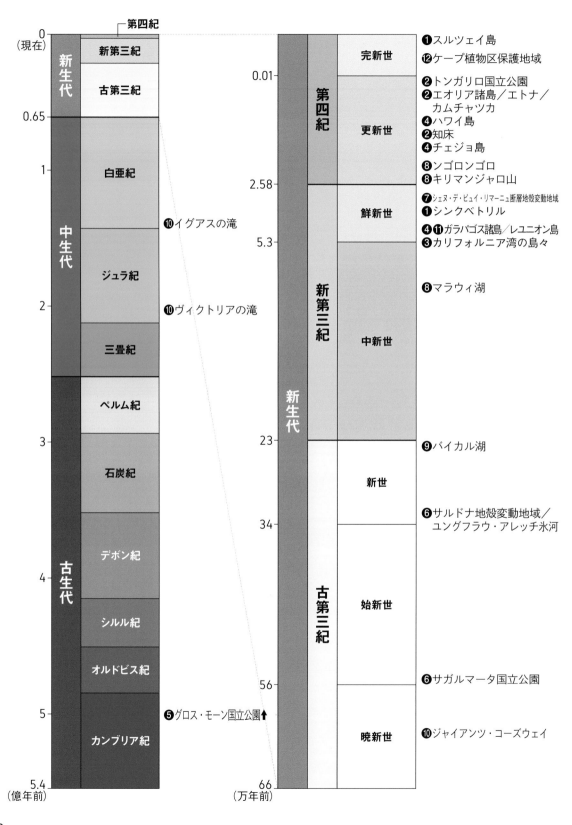

❶スルツェイ島
⓬ケープ植物区保護地域

❷トンガリロ国立公園
❷エオリア諸島／エトナ／
　カムチャツカ
❹ハワイ島
❷知床
❹チェジョ島

❽ンゴロンゴロ
❽キリマンジャロ山

❼シェヌ・デ・ピュイ・リマーニュ断層地殻変動地域
❶シンクベトリル
❹⓫ガラパゴス諸島／レユニオン島
❸カリフォルニア湾の島々

❽マラウィ湖

❾バイカル湖

❻サルドナ地殻変動地域／
　ユングフラウ・アレッチ氷河

❻サガルマータ国立公園

⓾ジャイアンツ・コーズウェイ

第四紀

新生代
新第三紀
古第三紀
0.65
中生代
白亜紀
1
ジュラ紀
⓾イグアスの滝
2
⓾ヴィクトリアの滝
三畳紀
ペルム紀
3
石炭紀
古生代
デボン紀
4
シルル紀
オルドビス紀
❺グロス・モーン国立公園
5
カンブリア紀
5.4
（億年前）

0
（現在）

完新世
0.01
第四紀
更新世
2.58
鮮新世
5.3
新第三紀
中新世
23
新世
34
古第三紀
始新世
56
暁新世
66
（万年前）

新生代

第1章
プレートテクトニクス

01 海洋プレートが生まれる中央海嶺

	古生代						中生代			新生代		
	カンブリア紀	オルドビス紀	シルル紀	デボン紀	石炭紀	ペルム紀	三畳紀	ジュラ紀	白亜紀	古第三紀	新第三紀	第四紀

（億年前） 5.4　5　4　3　2.5　2　1　0.66　0.23 ▼

北米プレート　ユーラシアプレート

Point!

- ☑ 地震や火山が集中するプレートの境界には3つのタイプがある。中央海嶺はプレートが生まれ、両側に分かれてゆく境界である
- ☑ 一般に中央海嶺は海面下にあるが、アイスランドはたまたま海面上に姿を現した貴重な場所である
- ☑ アイスランドは現在も活発に活動している

❶陸上に出現した中央海嶺シンクベトリル。北米プレートとユーラシアプレートは1年に2cmの速度で離れてゆく

ノルウェー
グリーンランド
アイスランド
シンクベトリル●
スルツェイ島
カナダ
イギリス

プレートの誕生が見られる貴重な場所

- シンクベトリル（文化遺産） アイスランド
- スルツェイ島 アイスランド

プレートテクトニクスと3つのプレート境界

プレートテクトニクス

　地震が起きると注目されるプレートテクトニクス。地震や噴火が発生する理由やヒマラヤのような大山脈ができる訳を見事に示してくれる。

　つまり地球表面を隙間なく覆う10数枚のプレート（厚さ約100kmの岩盤）❷どうしが衝突し一方が他方の下に沈み込むことで山脈や火山が生まれ地震が起きるとされる。

プレートの境界

　プレートは絶えず移動しているためプレートどうしの境界付近では力が集中し歪みが溜まりやすい。地震や火山、造山運動が活発な場所はこのプレート境界にある。その境界には3つのタイプがある。

①中央海嶺（発散境界）

　プレートが新たに造られ両側に分かれていく場所。

地震や火山活動が活発で大山脈を形成する。多くは海洋底にあり目にすることが難しいが、以下に記すアイスランドは陸上に姿を現した珍しい場所だ。

②海溝（収束境界）

　冷えて重くなったプレートが末端でもう一方のプレートの下に沈み込んでいく場所。

③すれ違い境界

　トランスフォーム断層が中央海嶺や海溝を横切り、横ずれを起こす場所。

姿を現した中央海嶺～シンクベトリル

シンクベトリル国立公園

　多くは海面下にあって直接目にすることのできない中央海嶺が陸上に姿を現したとっておきの場所がある。北大西洋に浮かぶ北欧の島アイスランドだ❸。

　アイスランド中央部には中央海嶺の中軸谷❹とよばれる地溝帯が走っている。シンクベトリル国立公園はこの地溝帯に相当し❺、地溝帯内部はすべて比較的新

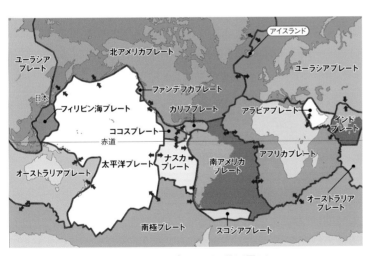

❷世界のプレート分布図。地球は10数枚のプレートですき間なく覆われている

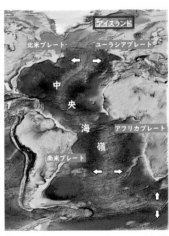

❸2つのプレートが互いに離れていく大西洋中央海嶺（発散境界ともいう）

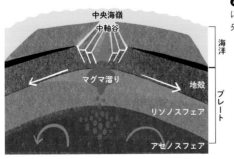

❹プレートが新たに造られている中央海嶺

❺アイスランドを横切る中央海嶺

しい溶岩で満たされている。

シンクベトリルでは930年から1798年まで「アルシング」とよばれる民主的な全島集会（青空議会）が開かれていたことが評価され、世界文化遺産として登録された。

🌏 今も拡大を続ける地溝帯

プレートは絶えず移動しているためプレートどうし地溝帯の幅は約4km、深さ60m。あちらこちらにギャオとよばれる裂け目が発達し❶❻、今も1年に2cmほどの速さで拡大を続けており、生きて活動する地球の姿が実感できる。

見学ルートに沿って地溝帯の西の壁を上ると新たに誕生した地殻（リソスフェア）が北米プレートとユーラシアプレート2つに分裂していく現場が広く見渡せる❶。言うまでもなくここで誕生したユーラシアプレートは西日本まで繋がっている。

海底火山の噴火で誕生した島・スルツェイ

アイスランドの南の沖に浮かぶ無人島スルツェイ❺は、1963年に突如海面上に姿を現した島として知られる❼。

この島は中央海嶺の活動の一環として激しい海底噴火を伴った❽。

この噴火後、高温のマグマが水に触れ大量の水蒸気を発生させることで大爆発する噴火は「スルツェイ式噴火」とよばれるようになった。

新しい島は日本の西之島と同じように島の誕生以降、生き物がどのように定着していくのか、つぶさに観察できる貴重な場所として注目されている。

❻年々拡大するギャオ。中軸谷（地溝）の内部にある

❽スルツェイ島　1963年／スルツェイ式噴火。マグマと水が接触して爆発的な噴火を起こすのが特徴

❼1963年に誕生した火山島スルツェイ。人の立ち入りが厳しく制限されている

02 海洋プレートが衝突して 沈み込む火山帯

	5.4	5		4		3	2.5	2		1	0.66	0.23 ▼
(億年前)	古生代						中生代				新生代	
	カンブリア紀	オルドビス紀	シルル紀	デボン紀	石炭紀	ペルム紀	三畳紀	ジュラ紀		白亜紀	古第三紀	新第三紀 第四紀

Point!

- ☑ プレート境界の1つであるプレートの衝突・沈み込み帯では海溝や大山脈が形成される
- ☑ 海溝は海面下にあり直接の観察は難しいが火山活動を通してプレート衝突のエネルギーを実感することができる
- ☑ 世界遺産の中には数多くの活火山が含まれる

❶エトナ山2006年の噴火。粘り気の小さい溶岩が川のように流れる

プレートの誕生が見られる貴重な場所

- エオリア諸島 イタリア
- エトナ イタリア
- カムチャツカ ロシア
- 知床 日本
- トンガリロ国立公園 ニュージーランド

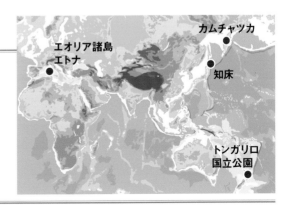

プレートが衝突し沈み込む場所（火山帯）

躍動する地球と火山

中央海嶺では今も次々とプレートが誕生しては移動していく。そのプレートは行き着く先で別のプレートと衝突し、どちらか一方が地下深くへと沈み込む。

世界自然遺産の中にはそんな場所が数多くある。しかしアイスランドでプレートの誕生の現場を目の当たりにしたように、プレートどうしが衝突し沈み込んでゆく現場を実際に観察できるところは陸上ではごく一部に限られる。その大半が深海底で深い谷間（海溝）を造っているからだ。

しかし直接見ることは難しくても、プレートの衝突と沈み込みによって生じる巨大なエネルギーの一端を実感することはできる。大山脈の形成(p.37)をはじめ、活火山❷や地震の活動などだ。

沈み込み帯の火山

図❸に沈み込み帯の火山のでき方を示した。海溝で海洋プレートが地下深くへ沈み込む際には大量の水も一緒に持ち込まれる。この水が深さ100kmくらいに達するとマントルの方へと絞り出されるため、マント

ルは溶けやすくなりマグマを形成、火山活動が引き起こされる。以下で沈み込み帯の火山活動を紹介する。

火山噴火の教科書〜エオリア諸島

ストロンボリ火山

長靴の形をしたイタリア。その足の甲の上に世界自然遺産エオリア諸島がある❹。

アフリカプレートの沈み込みによって形成された火山列島だが、不自然なYの字型の配列には謎が多い。

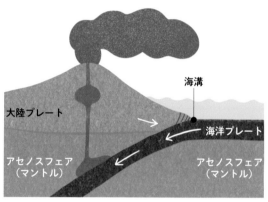

❸沈み込み帯では火山が形成される

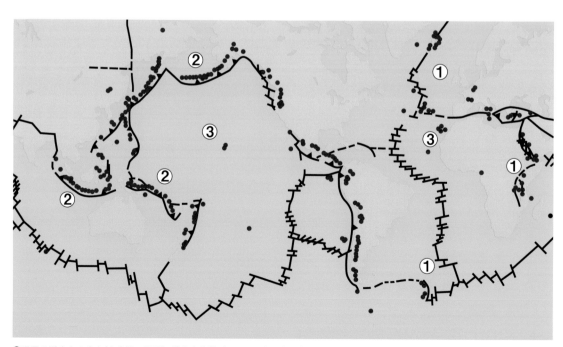

❷世界の活火山の分布（赤丸印の場所）。①中央海嶺・東アフリカ地溝帯／②沈み込み帯／③ホットスポット(p.24)

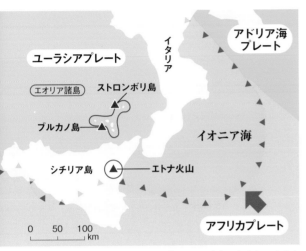

❹エオリア諸島の火山とエトナ火山

❺噴水のようにマグマを噴き上げるストロンボリ式噴火。ストロンボリ島

観光のハイライトの1つはストロンボリ火山の噴火見物だ❺。およそ20分に1回、規則的に噴火を繰り返すため、かつて船乗りたちから「地中海の灯台」とよばれ親しまれてきた。

マグマの飛沫（しぶき）を噴水のように噴き上げる比較的穏やかな噴火は「ストロンボリ式噴火」とよばれ、火山の噴火様式の1つとしてしばしば耳にする。日本では伊豆大島の三原山や最近の西之島でこのタイプの噴火が見られた。

ブルカノ火山

Yの字型をしたエオリア諸島の先端の1つにブルカノ火山がある❹。

この火山はより爆発的で規模が大きい噴火が特徴だ。マグマの粘り気がストロンボリ火山より高いためだ。そこで火山弾や火山灰を空高く噴き上げる爆発的な噴火をブルカノ式噴火とよんでいる。日本では桜島や浅間山がしばしばこのタイプの噴火を起こす。

世界で最も活動的な火山の1つエトナ山

世界自然遺産エトナ山はエオリア諸島の南約70km、シチリア島の東部にある❹。数年ごとに噴火

❻国際宇宙ステーションから撮影された2002年のエトナ山の噴火

するエトナ山は世界で最も活動的な火山の1つとして知られる❻。麓の街カターニアは何度も噴火に襲われ、今の街は17世紀の溶岩流の上に築かれている。

成り立ちやマグマの性質など富士山とよく似ているが、プレートの沈み込み口からかなり近いところにあり、地下でどのようにしてマグマができるのか謎が多く、今も火山学者を悩ませている❻。

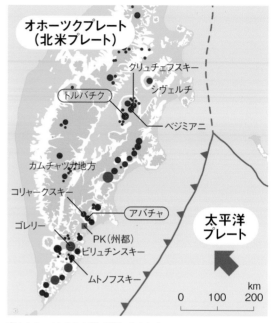

❼カムチャツカの火山群。2列に分かれる

「火山の博物館」カムチャツカ火山群

手付かずの大自然が残る極東の秘境カムチャツカ。ここには100以上の活火山があり❼、時にその噴煙が北極圏廻りの飛行機を危険に晒すことで恐れられている。

カムチャツカの火山では、穏やかなストロンボリ式やハワイ式噴火からカルデラを造るような激しいプリニー式噴火まで多種多様な噴火や地形が見られる。そのためカムチャツカの火山群は「火山の博物館」との異名をもつ。開発が抑制されてきたため、火山地形や噴出物が自然の状態で残されているのも貴重だ❽。

❽州都ペトロハバロフスク近郊にある活火山アバチャ山（2741m）

マオリの聖地 トンガリロ国立公園

複雑なニュージーランド

ニュージーランドのプレートテクトニクスは少し複雑だ。北島ではケルマデック海溝の延長部分で太平洋プレートがオーストラリアプレートの下に沈み込む一方で、南島では逆にオーストラリアプレートが太平洋プレートの下に沈み込んでいる❾。

ニュージーランドの活火山

火山活動は北島だけにみられ、島を縦断するようにタウポ火山帯が走っている❾。

火山帯の北中部には広大な火砕流台地が広がり、タウポ湖はじめたくさんのカルデラが並んでいる。

一方、南部では様相が一変。美しい姿の成層火山トンガリロ、ナウルホエ❿、ルアペフの3つの活火山が直線状に配列。これらの火山がマオリ族の伝統文化と合わせて世界複合遺産に登録されている。いずれも太平洋プレートの沈み込みによって形成された活動的な火山だ。噴火によってトレッキングコースが閉鎖されることも珍しくない。

しかしそのダイナミックな火山の姿には人気があり、夏はトレッキング、冬はスキーにと大勢の人が訪れる。

この北にはタウポ湖やロトルアカルデラの温泉などがある。

❾オーストラリアプレートと太平洋プレート

❿ナウルホエ火山とトンガリロ火山のレッドクレーター。火山帯を横断するトンガリロ・アルパインクロッシングはトレッカーに人気がある

日本が誇る自然の宝庫・知床半島

知床半島の成り立ち

日本最後の秘境ともいわれ、ヒグマを頂点にたくさんの生き物が暮らす知床半島。

火山活動は860万年前に太平洋プレートの沈み込みによって形成されたマグマがまず海底で噴出。100万年前ころからはプレートの圧縮力が働いて海底が隆起し、以後、陸上で活発な火山活動が続いている⓫。

同様の活動は国後、択捉島へと続き、狭い範囲にたくさんの火山がひしめく。中には世界的にも珍しいイオウからなるマグマを噴出した（1935〜36年）硫黄山も含まれる⓫⓬。

知床半島の地形

急峻な地形を呈する知床半島だが、ウトロ側と羅臼側では地形は一変する。ウトロ側は海岸まで溶岩が迫り急な海岸を造るのに対し、羅臼側は比較的なだらかな海岸が続く。羅臼側は侵食されやすい海底噴出物からなるからだ⓫。

生き物の宝庫

知床は生き物の宝庫でもある。高度差による植生の変化に加え、大量の植物プランクトンと共にやって来る流氷の役割も大きい。

⓫知床半島の地質。ほぼ全てが海底および陸上の火山岩からなる

⓬知床5湖の1湖から望む知床連山。左端が硫黄山（1562m）。知床5湖は硫黄山の山体崩壊によってできた

03 プレートがすれ違う トランスフォーム断層

	古生代						中生代			新生代		
（億年前）	カンブリア紀	オルドビス紀	シルル紀	デボン紀	石炭紀	ペルム紀	三畳紀	ジュラ紀	白亜紀	古第三紀	新第三紀	第四紀

5.4　5　4　3　2.5　2　1　0.66　0.23　0（現在）

❶乾燥した気候のカリフォルニア湾。湾内に浮かぶ島々とその周辺が世界自然遺産に登録されている

Point!

☑ トランスフォーム断層は中央海嶺や海溝を横切る特殊な横ずれ断層をさす

☑ サンアンドレアス断層は陸上に出現したトランスフォーム断層でプレートの境界をなしカリフォルニア湾へと続く

☑ カリフォルニア湾では中央海嶺とトランスフォーム断層による活動が見られる

サンフランシスコ

カリフォルニア湾　メキシコシティ

太平洋

独特の景観と生態系が魅力の火山島

● カリフォルニア湾の島々と保護地域群 メキシコ

プレートがすれ違う トランスフォーム断層

陸上に姿を現した断層

中央海嶺、沈み込み帯（海溝）に次ぐ3つ目のプレート境界がトランスフォーム断層とよばれる断層だ。

この断層は中央海嶺や海溝を横切る横ずれ断層だが、中央海嶺に数多く見られる。そのためほとんどが海底にあり直接見ることは難しいが、たまたま陸上に姿を現したのがアメリカ西部のサンフランシスコ北方からロサンゼルス近郊を経てカリフォルニア湾へと抜ける有名なサンアンドレアス断層だ❷❸。

サンアンドレアス断層

この断層は非常に活動的な断層で大都市サンフランシスコやロサンゼルスはたびたび大きな地震被害を受けてきた。陸地を走る断層はさらにカリフォルニア湾へと延び海底では海嶺を伴い複雑な構造をしている❷。断層全体を通してみるとファンデフカ海嶺と東太平洋海嶺を横切っている。

断層と海嶺

断層の両側のプレートが断層に平行ではなく斜め成分を伴うと断層は分断されそこに地下から高温のマグマが貫入することがある❹。湾内で断層が階段状の連なりを成すのはそのためと考えられている。

断層と海嶺が生み出した カリフォルニア湾

カリフォルニア湾の形成

延々と1300kmにもおよぶ細長いカリフォルニア湾と半島は、元は北米大陸の一部だった。

1500万年前ころ、東太平洋海嶺が大陸まで伸びて大陸の分裂が始まった。同時に海嶺とそれを横切るトランスフォーム断層も北に向かって拡大し、細長い地溝状の湾ができ始めた。

その結果、カリフォルニア半島は大陸から切り離され、500万年前ころには今のようなカリフォルニア湾が形成されたと考えられている。

よく似た例がアフリカ大陸とアラビア半島の間にあるアデン湾などで見られる。

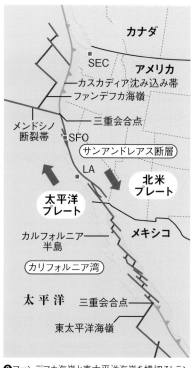

❷ファンデフカ海嶺と東太平洋海嶺を横切るトランスフォーム断層

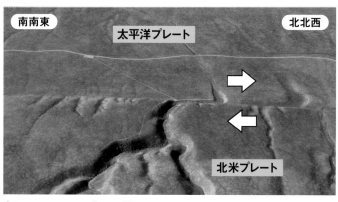

❸カリフォルニアのカリゾ平原を横切るサンアンドレアス断層

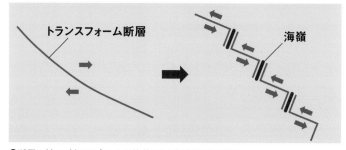

❹断層に対して斜めにプレートが移動すると海嶺ができやすい

豊かな生態系

こうした独特の成り立ちと豊かな海洋および陸上生態系、そして美しい景観が評価され、カリフォルニア湾は世界自然遺産となった❺。

特にクジラやイルカなどの海生哺乳類の4割がこの湾に棲息し注目されている。

北上を続ける半島

サンアンドレアス断層とカリフォルニア湾のトランスフォーム断層は地震のたびに横ずれを起こし、カリフォルニア半島はしだいに北へと移動。いずれ半島はロサンゼルスやサンフランシスコなどともに大陸から分離し、孤立した島になると推定されている。

海嶺と断層に伴う火山活動

カリフォルニア湾の海底は非常に複雑な構造をしている❷。海嶺がトランスフォーム断層によってずたずたに切り裂かれ湾の奥まで入り込んでいるからだ。

海嶺はその直下に高温のマントルが上昇してきて火山活動が活発な場所として知られる。カリフォルニア湾とその周囲にも比較的新しい火山岩や深成岩が広く分布し、カリフォルニア湾の形成に活発な火山活動を伴ったことを示している。

その活動は今も続き、湾内には新しくできた火山島が存在する❻。その形がカメによく似たトルトゥーガ島は、中央海嶺に特徴的な玄武岩質のマグマを噴出し盾状火山を造る❼。一方のサンルイス島はデイサイト質のマグマが噴出する一風変わった火山島として知られる❽。

❼トルトゥーガ島。長径3kmの小さな盾状火山。火口は直径1.2km、深さ100m

❺乾燥低木林が覆う湾内で最大のティブロン島（❻の★）。対岸はメキシコ本土のソノラ州

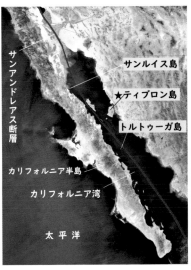

サンルイス島
★ティブロン島
トルトゥーガ島
サンアンドレアス断層
カリフォルニア半島
カリフォルニア湾
太平洋

❻陸上からカリフォルニア湾へ続くサンアンドレアス断層と火山島

❽サンルイス島。中央部と右下の半島は黒曜石の溶岩ドーム、周囲はデイサイトの火砕物からなる

04 火山活動が活発な ホットスポット

5.4		5		4		3	2.5	2		1	0.66	0.23	0	(現在)

古生代						中生代			新生代		
カンブリア紀	オルドビス紀	シルル紀	デボン紀	石炭紀	ペルム紀	三畳紀	ジュラ紀	白亜紀	古第三紀	新第三紀	第四紀

(億年前)

Point!

☑ ホットスポットは地下のマントルにあって長期間位置を変えないため、その上を移動するプレート上には火山列が形成される

☑ 火山の並び方や年代からプレートの移動方向や速度がわかる

☑ ホットスポット火山の多くは海にあり孤立しているため独特の景観と生態系が見られる

❶ホットスポット・キラウエア火山の噴火。溶岩流が川のように延々と流れる

独特の景観と生態系が魅力の火山島

- ハワイ島 アメリカ
- ガラパゴス諸島 エクアドル
- レユニオン島 フランス領
- チェジュ島 韓国

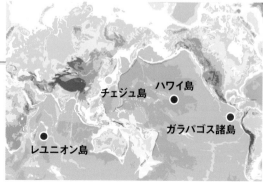

チェジュ島　ハワイ島
ガラパゴス諸島
レユニオン島

火山を次々と生みだす ホットスポット

ホットスポットとは

　地球上で火山ができる場所は3つある。プレートが新たに誕生する中央海嶺、プレートどうしが衝突し一方が他方の下に沈み込む沈み込み帯の内側、そしてホットスポットとよばれる場所だ❷。

　最近はいろんな事柄にホットスポットの用語が使われるが、地質学では地下のマントルでマグマを安定して供給する高温の場所をいう。ホットスポットは長期間位置を変えないため、その上を通過するプレート上に火山が形成されると直線状に並ぶ火山列としてプレート運動の軌跡が残る。ハワイ諸島・天皇海山列がその例としてよく知られる❸。

火山島を造るホットスポット

　ホットスポット火山はガラパゴス諸島やタヒチ島のように絶海の孤島をなすものが多い❷。そのため独特の生態系を形成し、火山の景観にも優れているため観光地としても人気がある。

大陸のホットスポット

　大陸にはホットスポットが比較的少ないが、アメリカのイエローストーンは活動的な超巨大火山として知られる。

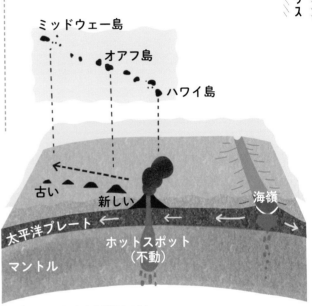

❸ホットスポットと火山列島のでき方

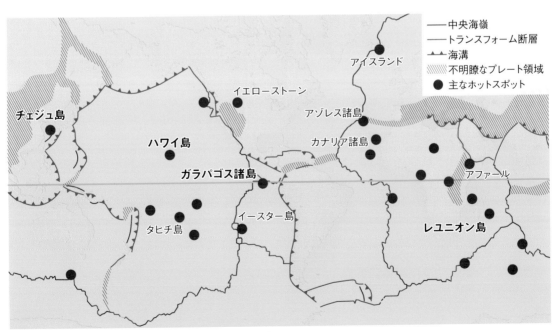

❷主なホットスポットの分布。景観や生態系に優れ、世界遺産の島も多い

活発に活動する火山 ハワイ火山国立公園

ホットスポットの代表

　ホットスポット火山の代表ハワイ諸島。ハワイ島直下にあるホットスポットが生み出した火山が一直線に並ぶ❸。各火山（島）のハワイ島からの距離と年代を調べることでプレートの移動速度がわかる❹。また火山列が途中でくの字型に曲がることから4300万年ほど前にプレートの移動方向が北北西から西北西に変わったこともわかる。

　現在は次世代の火山島「ロイヒ」がハワイ島の沖の海底で生まれつつある。

活動的なキラウエア火山

　世界で最もよく知られた活動的火山、といえばハワイ島のキラウエアがあげられる❺。

　1983年以来、ほぼ絶え間なく噴火し2018年には麓の集落700戸が被害を受けた❶。しかし玄武岩溶岩を噴出する噴火は比較的穏やかで間近での見物も可能だ。

　玄武岩質のマグマは粘性が低く、まるで川のように流れる。そのため噴火を繰り返し溶岩が厚く溜まってゆくと、盾を伏せたようになだらかな斜面をもつ盾状火山ができる。キラウエアの西隣のマウナロアは標高4000mを超えるが、丘のような姿からは高度感がつかみにくい❺。

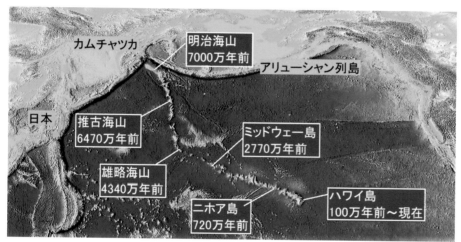

❹ホットスポット火山が描き出すプレート運動の軌跡。4300万年前に移動方向が変わった

❺キラウエア・カルデラとマウナロア（4169m）。海底部分も含めるとエベレストより高い地球上最大の山となる

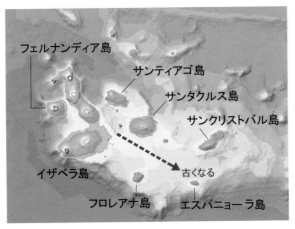

❻ガラパゴス諸島。南東に向かって古くなる

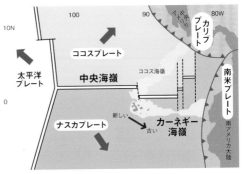

❼ガラパゴス諸島周辺のプレート分布図

❽バルトロメ島と対岸のサンティアゴ島。比較的若い島で火砕丘と溶岩からなる

赤道直下の火山島 ガラパゴス諸島

若いホットスポット

赤道直下にあるガラパゴス諸島は大小 15 の火山島からなる。

島々を生み出したホットスポットは北西部のフェルナンディア島付近の地下にあり❻、島々はナスカプレートに載って数 cm／年の速さで南東方向に移動している❼。そのため島の年代は北西端のフェルナンディア島から南東端のエスパニョーラ島に向かってしだいに古くなる❻。

また、島の大きさも南東のものほど侵食、沈降が進

んで小さくなりやがて海面下に没すると考えられている。ガラパゴス諸島の東のカーネギー海嶺❼には古い火山が存在するが、これらはガラパゴス諸島から続く海面下に沈んだホットスポット火山とされる。

島々の中で最も古いエスパニョーラ島は 400 万年前に誕生し海面上に姿を現した❻。一方、最も新しいフェルナンディア島では 2020 年に、隣のイザベラ島では 22 年に噴火し話題となった。

ダーウィンの進化論の島

ガラパゴス諸島は、ダーウィンが進化論の着想を得た島としても知られる（p.60）。島には固有種が多く、独特の生態系が見られる。

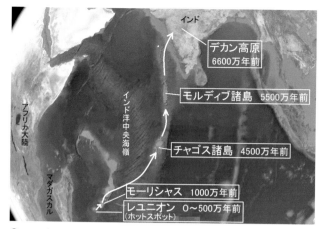

インド
デカン高原
6600万年前
モルディブ諸島 5500万年前
アフリカ大陸
インド洋中央海嶺
チャゴス諸島 4500万年前
マダガスカル
モーリシャス 1000万年前
レユニオン 0〜500万年前
（ホットスポット）

❾レユニオン・ホットスポットが生み出した火山島の列

⓫カルデラ内にできたフルネーズ火山

❿フルネーズ火山。溶岩で埋め尽くされたカルデラ底に中央火口丘を形成した。左上にカルデラ壁が見える

美しい島々と活発に噴火する レユニオン

インド洋の楽園とデカン高原

インド洋にはレユニオン島から北へ美しい火山島が点々と並んでいる❾。チャゴスとモルディブは今はサンゴからなる島だが、かつては火山島だった。

島の年代はレユニオン島から北に向かってしだいに古くなっている❾。

6600万年前、今のレユニオン島がある地下にホットスポットが誕生。当時、アフリカ大陸から分離してこの上を北上しつつあったインド亜大陸が通過し、洪水玄武岩とよばれる大量の溶岩を噴出、現在、インドに広く分布するデカン高原を形成した。

インド亜大陸が去ったあと、モルディブやチャゴスなどの火山島が造られ、島々はプレートに載って現在の位置まで移動した。

活動的なフルネーズ火山

500万年前に誕生し現在も成長を続けるレユニオン島は2つの大きな火山からなる。今も活発に活動するのは南東部のフルネーズ火山❿。

この火山は大きなカルデラの中にあり⓫、平均すると9カ月ごとに噴火し、玄武岩質の溶岩噴出の場合は比較的穏やかで観光の対象ともなっている。

韓国唯一の火山 チェジュ島

「東洋のハワイ」

　韓国屈指の観光地チェジュ島は、韓国には珍しい火山の島だ。韓国に活火山があるとは意外だが、日本のような沈み込み帯の火山には当てはまらずハワイアイト（粗面玄武岩）など特殊な岩石が見られることもあって、一種のホットスポットの火山とされている。

　島全体がハワイと同じように火山からなり、島の近くを対馬暖流が流れているため温暖でリゾートの雰囲気の漂う島は「東洋のハワイ」とよぶにふさわしい。

チェジュ島の成り立ち

　火山活動は 120 万年前ころから始まった。主に玄武岩溶岩を噴出し、山頂の溶岩ドームを除けば島全体はなだらかな盾状火山の形状をなす⓬。

　この島の特徴は東西方向に列をなすように火砕丘がたくさん存在することだ⓬⓭。島を巡っていると、そこかしこで見かける。

世界最大規模の溶岩トンネル

　見どころは極めて保存状態の良い 30 万年前の溶岩トンネル万丈窟⓭⓮。全長 7.4km、幅 18m、高さ 30m もある。

　他にも火砕丘・城山日出峰、ハルラ山など、さまざまな火山地形が楽しめる。

⓬島の中央部に聳える韓国最高峰のハルラ山（1950m）。盾状火山で山頂は溶岩ドームからなる

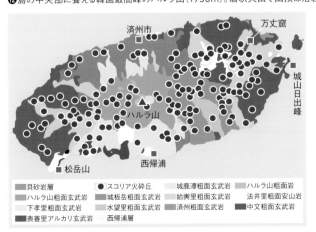

⓭チェジュ島の地質と火砕丘（スコリア丘）の分布。360 以上存在し、島の圧縮方向と同じ東西方向に並ぶ

⓮溶岩トンネル万丈窟。幅 23m、高さ 30m、長さ 9km

05 プレートテクトニクス理論の発展

(億年前) 45	40	35	30	25	20	15	10	5	0 (現在)

先カンブリア時代			顕生代

冥王代	太古代	原生代	古生代	中生代	新生代

Point!

☑ グロス・モーン国立公園はアパラチア山脈の北東延長上に位置する。ここで見られるさまざまな地質現象はプレートテクトニクス理論の発展に貢献した

☑ 公園内では超大陸の形成と分裂の証し、地質時代の境界を示す国際模式露頭、U字谷とフィヨルドの美しい氷河地形などが見られる

❶マントル物質からなるテーブルランド山(795m)。4億年前に起きた大陸プレートとの衝突の際に地下深くから持ち上げられた。手前はフィヨルドのボン湾

カナダ

グロス・モーン
(ニューファンドランド島)

アパラチア山脈

大西洋

さまざまな地球のイベントが垣間見える

● グロス・モーン国立公園 カナダ

プレートテクトニクスの発展に貢献した大地

グロス・モーン国立公園が注目される訳

グロス・モーン国立公園はカナダ最東端の島ニューファンドランドの西端にある❷。

その美しい自然には、超大陸の形成と分裂、大山脈の形成など地球史の重要なイベントの謎が秘められており、多くの研究者が注目してきた。

また1960年代後半から70年代にかけて誕生したプレートテクトニクス理論の正しさを証明し理論の発展に貢献したことでも知られる。

大陸の離合集散

地球上の大陸は、プレート運動の変化に伴って約3〜4億年周期で分裂と合体を繰り返してきた（発見者に因んでウィルソンサイクルとよぶ）。

大陸どうしが衝突合体する際には大きな力が働き、境界付近ではヒマラヤやアルプスのような大山脈ができる。

4億年前に起きたプレート、大陸どうしの衝突合体では超大陸パンゲアを形成。この時にできた山脈が北米のアパラチア山脈や北欧のスカンジナビア山脈だ❸。グロス・モーン国立公園はこのアパラチア山脈の北端に位置する。

そこで公園内では、この衝突を裏付けるさまざまな地質現象が見られる。

プレート衝突の証

地表に現れたマントル

プレート衝突の証（あかし）の1つが地表に露出したマントルだ。

国立公園の南端に位置する標高795mのテーブルランド山はそのマントル（かんらん岩）からなる。緑の山々の中にこつ然と姿を現す赤茶けた山はひときわ目を引く❶❹。

この異様な山の成り立ちを見事に説明してみせたのがプレートテクトニクス理論だった。

プレートが島弧や大陸を載せて移動し別の大陸と衝突して沈み込もうとすると、軽い島弧や大陸はすんなりと沈み込むことができず相手側にのり上げることがある❺。このとき、地下深くのマントルも地表に押し上げられるのだ。

同じようなことは北海道日高山脈の南端にあるアポイ岳でも起きている。

因みにかんらん岩は固くてニッケルなどの有害成分

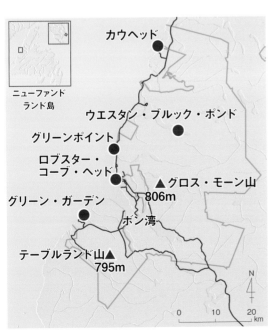

❷グロス・モーン国立公園の地図

カウヘッド

ニューファンドランド島

ウエスタン・ブルック・ポンド

グリーンポイント

ロブスター・コーブ・ヘッド

グリーン・ガーデン

▲グロス・モーン山 806m

ボン湾

テーブルランド山▲ 795m

0 10 20 km

N

❸パンゲア大陸とグロス・モーン

グロス・モーン

ユーラシア大陸

スカンディナビア山脈

北米大陸

アパラチア山脈

南米大陸

アフリカ大陸

を含むため、限られた植物以外は育たない❹。特異な山の姿の原因はここにもある。

大陸の衝突と分裂の証

衝上断層

プレートどうしが衝突すると地層は強い力で変形する。その様子がロブスター・コーブヘッドの灯台の下の海岸で見られる❷❻。

いまにも崩れ落ちそうな崖には衝上断層とよばれる低角度の断層が何本も走り、いずも断層を境にして上盤の地層が左（西）に向かってのし上げている❺。凄まじい圧縮力が働いた証だ。

この衝突は4億5000万年前ころから始まり、当時のイアペタス海（古大西洋）は縮小しやがて消滅、現在のアパラチア山脈が誕生した。この衝突合体の際にできたのがロブスターの衝上断層だ。

枕状溶岩と岩脈

さらに溯ること今から10億年前には別の超大陸ロ

❹テーブルランド山（795m）。地下深くから押し上げられたマントル（かんらん岩）からなる。かんらん岩には有害なニッケルなどを含むため植物が育ちにくい。右下はピッチャープラント

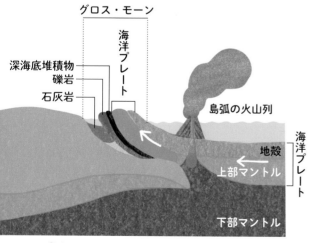

❺グロス・モーンで起きた島弧の衝突。海洋地殻とマントルがめくれ上がった

ディニアがあった❽。公園内にはこの大陸の一部が広く分布するが、主に花崗岩や片麻岩からなる。そしてこの大陸も 6 億年前ころになると分裂を始める。

　大陸を分裂させた原動力は地下深くから上昇する高温のマントル＝スーパープルームだったとされる。プルームは地殻にぶつかって大地を引き裂きマグマを噴出。このとき裂はマグマで満たされる❾。その痕跡と見られる玄武岩質の岩脈がウエスタン・ブルック・ポンド❷で観察できる。また海底に噴出したマグマは水中噴火に特徴的な枕状溶岩を形成するが、その溶岩がグリーン・ガーデン❷で見られる❾。

❼グロス・モーン国立公園の地質。大陸の衝突と分裂の証が見られる

❽10億年前ころの超大陸ロディニア

❻ロブスター・コーブ・ヘッドの衝上断層。上盤の地層が左（西）の方へのし上がる

大規模な海底地滑り

現在の日本付近で見られるように、衝突し沈み込むプレート境界では時おり巨大地震が発生し大規模な海底地滑りが起きる。同じようなことがおよそ5億年前のローレンシア大陸の東縁でも起きていたと考えられる。カウヘッド❷で見られる礫岩層はその海底地滑り堆積物とされる❿。

この礫岩層の中には筆石や三葉虫などの浅海生物を含む石灰岩の礫が見られる。一方の黒っぽい頁岩には深海生物の化石が含まれるなど、同じ礫岩層内に異質な岩石や化石が混じり合う。海底地滑りの際にさまざまな地層が巻き込まれたのだ。

その他のイベント

国際模式露頭

日本で最近話題となった地質時代名チバニアン。千葉の名が入った名称が国際的に広く使われるようになった。同様にグリーンポイント❷の古生代カンブリア紀とオルドビス紀の境界が国際模式露頭に指定されている（p.99）。

氷河地形（フィヨルド）

グロス・モーンは1万5000年前、厚い氷で覆われていた。その氷河に削られた美しいU字谷やフィヨルドも見物だ⓫。

玄武岩質岩脈群

海底に噴出した枕状溶岩

貫入岩（シル）

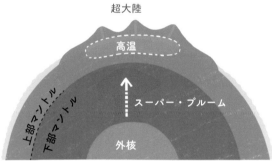

超大陸

高温

上部マントル
下部マントル

スーパー・プルーム

外核

❾分裂し始める超大陸ロディニアの模式図（上）とその痕跡（左の2枚）

❿海底地滑り堆積物

⓫美しい西ブルック・ポンドのフィヨルド

第2章
大陸の衝突と分裂

06 大陸どうしの衝突

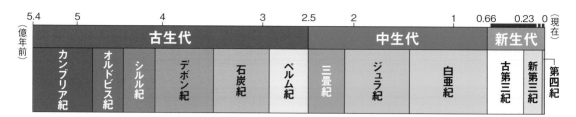

			古生代				中生代			新生代	

（億年前） 5.4　5　4　3　2.5　2　1　0.66　0.23　0（現在）

カンブリア紀／オルドビス紀／シルル紀／デボン紀／石炭紀／ペルム紀／三畳紀／ジュラ紀／白亜紀／古第三紀／新第三紀／第四紀

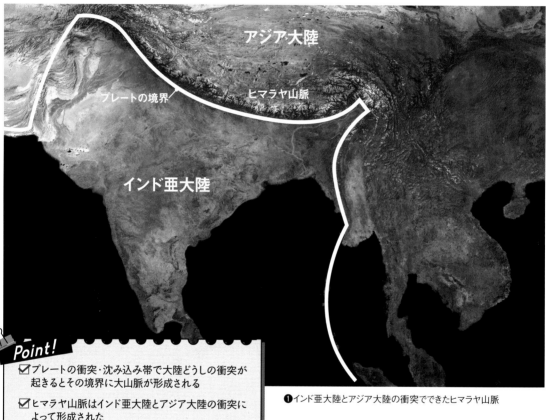

アジア大陸

プレートの境界　ヒマラヤ山脈

インド亜大陸

Point!

☑ プレートの衝突・沈み込み帯で大陸どうしの衝突が
起きるとその境界に大山脈が形成される

☑ ヒマラヤ山脈はインド亜大陸とアジア大陸の衝突に
よって形成された

☑ アルプス山脈はアフリカ大陸とヨーロッパ大陸の衝
突によって形成された

❶インド亜大陸とアジア大陸の衝突でできたヒマラヤ山脈

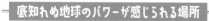

底知れぬ地球のパワーが感じられる場所

ユングフラウ

サルドナ

サガルマータ

● サガルマータ国立公園 ネパール

● サルドナ地殻変動地域 スイス

● ユングフラウ・アレッチ氷河 スイス

大陸衝突が生み出す 巨大な力と大山脈

軽くて沈み込めない大陸地殻

地球表面を覆うプレートはお互いに衝突したり、離れたり、すれ違ったりしている。

日本近海のように衝突するプレートが海洋プレートの場合、海洋プレートは重いのでもう一方の大陸プレートの下にスムーズに沈み込んでゆく。

しかし衝突するプレート上に大陸があると、大陸を載せたプレートはすんなりとは沈み込めない❷。大陸地殻を構成する岩石（主に花崗岩）は地下深くのマントルよりも軽いからだ。

大山脈の形成

沈み込めなかった大陸地殻は最終的にはもう一方の大陸地殻と結合合体し縫合される。

このとき両大陸の境界では巨大な圧縮の力が働くため、大陸地殻は持ち上げられ大山脈が造られる。たとえばヒマラヤ山脈はインド亜大陸とアジア大陸の衝突❶❹、アルプス山脈はアフリカ大陸とヨーロッパ大陸の衝突（p.41）の結果、できた大山脈だ。

今なお続く衝突

こうした衝突は数千万年前ころから始まり、今なお続いている。その現れの1つが地震で時に甚大な被害をもたらす。

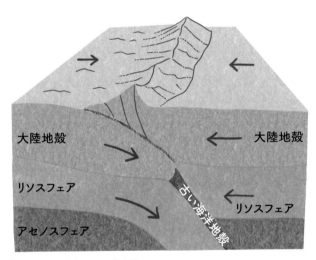

❷大陸どうしの衝突でできる大山脈

大陸地殻　大陸地殻　リソスフェア　古い海洋地殻　リソスフェア　アセノスフェア

❸ヒマラヤを構成する3列の山並み

グレートヒマラヤ　レッサーヒマラヤ　シワリーク丘陵

ユーラシアプレート　今も北上を続けるインド　インドプレート　赤道　5000万年前のインド亜大陸　インド洋　7000万年前のインド亜大陸

❹5000万年前に衝突し始めたインド亜大陸。現在も北上中

世界の屋根
～サガルマータ国立公園

サガルマータ国立公園

サガルマータとは世界最高峰エベレスト（8848m）のネパール名で、「世界の頂上」を意味する。

この国立公園にはサガルマータの他にローツェ、マカルー、チョー・オユーなど世界有数の 8000m 峰が含まれ、文字通り世界の屋根を形成する❺。

また公園内にはヒマラヤグマ、ユキヒョウ、ジャコウジカなどの他にさまざまな鳥やチョウなど貴重な生き物が生息する。

ヒマラヤを造る3列の山並み

東西 2400km に延びるヒマラヤ山脈は、標高が異なり平行に走る 3列の山並みからなる。

標高 6000m 以上のピークをもつ大ヒマラヤ、標高 5000m ～ 2000m の山々からなる小ヒマラヤ、そしてシワリーク丘陵とよばれる標高1200mほどの山並みだ❻。

3列の山並みとヒマラヤの成因

これらの山並みは起源の異なる地層岩石からなり将棋倒しのように積み重なっている❻。しかもお互いは低角度の逆断層（衝上断層）で接する。そしてそれぞれ、大ヒマラヤは非常に固くて急崖を形成する片麻岩、小ヒマラヤはインド亜大陸に由来する先カンブリア時代の地層とゴンドワナの地層、そしてシュワリーク丘陵はヒマラヤから運ばれてきた砂や泥からなる。

このうち大ヒマラヤの変成岩は、地下数 10km まで沈み込んだインド亜大陸の地殻が変成作用を受けて上昇に転じ、主中央衝上断層（MCT）❺に沿って地表にせり上がってきたと考えられている。変成岩はマントルに比べて密度が小さいため沈み込めなかったのだ。この急激な上昇はおよそ 2200万年前に起き、この頃に空高く聳える世界の屋根ヒマラヤ山脈が形成されたとされる。

エベレスト山頂に海の化石

20数年前、エベレストの山頂から三葉虫やウミユリの化石が発見された。このことはこの上昇の際にはアジア大陸とインド亜大陸の間にあったテチス海も上昇したことを示している❻❼。ヒマラヤは 9000m 以上隆起したのだ。

この上昇は今も年間 1cm 近い速度で続いている。

滑り落ちるテチス堆積物

さらに変成岩の急激な上昇によって、その上のテチス堆積物は自らの重みでチベット側に滑り落ちる、という壮大な現象が起きている❼。世界の屋根ヒマラヤには人の想像を超えた力が働いている。

ナップの発見
～サルドナ地殻変動地域

アルプス地質学の確立

アルプス山脈のでき方を紐解く上で欠かせない場所がある。スイス東部のサルドナ地殻変動地域だ。

❺サガルマータ国立公園。左奥がサガルマータ（8848m）、右手前がローツェ（8516m）

❼エベレスト南壁。STD（断層）❺の上をテチス堆積物が北に向かって滑り落ちている

　ここでは延々と続く水平な面を境に地層が上下逆転。地層は下位のものほど古いという法則に反して下位の地層の方が2億年も新しい❽。

　19世紀の中頃、この奇妙な現象は地質学者の間で問題となり議論が繰り広げられた。

　その結果、チューリッヒ工科大学の教授だったエッシャーは、逆転する地層の境界は断層（衝上断層）であり、上位の古い地層は遠く離れた場所から断層の上を滑ってきて現在の位置に収まった、と解釈❾。見事にアルプスの成り立ちを説明した。

　そこで低角度の断層を挟み新しい地層の上に古い地層が覆い被さるような構造をナップ（テーブルクロスの意）とよぶようになった❿。その後、このナップを造る原動力はヨーロッパとアフリカの大陸衝突に由来することが判明する。

🌏 ロッヒサイト

　中世の面影を残す街グラールスの近くにある有名な断層露頭❾。断層の状態をつぶさに観察できると同時に地球の営みの凄さ（すご）が実感できる。

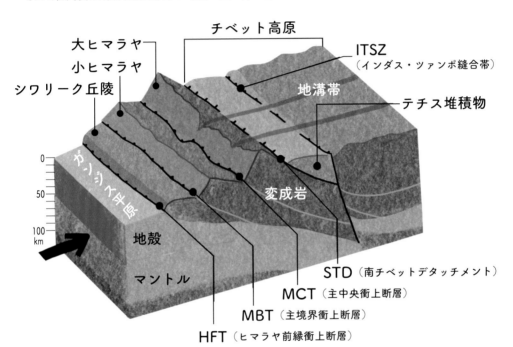

❻ヒマラヤ山脈の地質断面図。衝上断層によって区切られた地質体（地層・岩石）が将棋倒しのように覆い被さる

- チベット高原
- 大ヒマラヤ
- 小ヒマラヤ
- シワリーク丘陵
- ITSZ（インダス・ツァンポ縫合帯）
- 地溝帯
- テチス堆積物
- 変成岩
- ガンジス平原
- 地殻
- マントル
- STD（南チベットデタッチメント）
- MCT（主中央衝上断層）
- MBT（主境界衝上断層）
- HFT（ヒマラヤ前縁衝上断層）

❽グラールス衝上断層。水平な断層を境に地層の新旧が逆転する

- 2.5億年前の火山礫岩
- 衝上断層
- 5000万年前の頁岩

美しい
ユングフラウ・アレッチ氷河

3大名峰

世界自然遺産ユングフラウとアレッチ氷河は、サルドナ地殻変動地域の西約100kmにある。域内の4000m級峰アイガー、メンヒ、ユングフラウの3大名峰は人気が高く、毎年大勢のクライマーや観光客が訪れる⓫。

大陸衝突とナップ

花崗岩や片麻岩、石灰岩などからなる3大名峰もサルドナと同じように低角度の断層や褶曲によって数10kmも移動してきたもので、ナップを形成する⓾⓬。

ナップを形成した巨大な力もやはりアフリカ大陸の衝突に由来するもので、ユングフラウ山塊を形成する原動力にもなった。3大名峰の麓の岩壁に残された大きな褶曲構造にその力の一端が垣間見える。

アルプス造山運動

アルプス造山運動は大陸を載せたユーラシアプレートとアフリカプレートの衝突によっておよそ6000万年前ころから始まった。2000万年前ころになると山脈が強い力を受けて急激な上昇を始め、第四紀の氷河による浸食が加わって険しくも美しいアルプスが形成された。

❾グラールス衝上断層の露頭ロッヒサイト。ここで議論が繰り広げられた

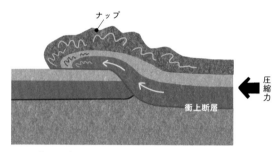

⓾ナップのでき方。衝上断層を境に地層の新旧が逆転する

⓫ユングフラウ地域の3大名峰。左からアイガー（3970m）、メンヒ（4107m）、ユングフラウ（4158m）

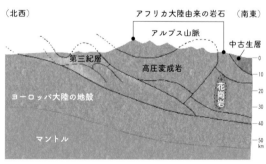

⓬ヨーロッパとアフリカの大陸衝突でできたアルプス山脈の地下構造

07 大地を引き裂く大陸衝突

5.4	5	4	3	2.5	2	1	0.66	0.23	0（現在）
			古生代			中生代		新生代	

（億年前）

| カンブリア紀 | オルドビス紀 | シルル紀 | デボン紀 | 石炭紀 | ペルム紀 | 三畳紀 | ジュラ紀 | 白亜紀 | 古第三紀 | 新第三紀 | 第四紀 |

❶ピュイ山脈の火山群。手前は大きな噴火口をもつ火砕丘、奥は溶岩ドーム

Point!

☑ アルプス山脈を造ったアフリカとヨーロッパの大陸衝突はヨーロッパ大陸に大地の裂け目と火山活動をもたらし、プレートテクトニクス理論の発展を促した

☑ 3700万年前から始まった地殻変動が将来も続けばヨーロッパ大陸は2つに分裂し、その間に海が侵入すると考えられる

北海

フランス

ピュイ山脈 ●

スペイン　地中海

火山と地溝が織りなす独特の景観

・シェヌ・デ・ピュイ・リマーニュ
断層地殻変動地域 フランス

大陸衝突がもたらした 大地の裂け目と火山群

新生代リフトシステム

アルプス山脈はヨーロッパとアフリカの大陸衝突によってできたことはよく知られる。しかしこの衝突は山脈の形成だけでなくヨーロッパの広い範囲に大きな爪痕を残したことはあまり知られていない。

その1つがヨーロッパ新生代リフトシステムとよばれる大地の裂け目だ❷。この裂け目は地溝帯ともよばれるが、その範囲は地中海から北海にかけて1000km以上におよぶ。

地溝帯の形成が始まったのは、およそ3700万年前

の古第三紀始新世。北上するアフリカ大陸がヨーロッパと衝突し始めたころだ。

地溝帯の形成は南から北へと移動した。北部のライン地溝は約3000万年前から活動し始め今も続いている。ライン川流域で地震がよく起きるのはこの活動によるものだ。

火山活動

大陸の衝突は火山活動をも、もたらした。アフリカ大陸の下にユーラシアプレートが沈み込んだ反動でホットプルームが上昇❸。そこから派生したマグマが地溝帯の内部やその近傍で噴出し多くの火山を生み出した❷。現在は活動を休止し、8400年前を最後に噴火は起きていない。

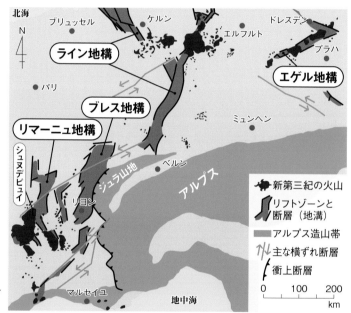

❷新生代リフトシステム。細長い地溝帯が地中海から北海まで続く

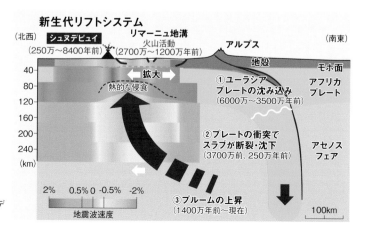

❸新生代リフトシステムのでき方とシェヌデピュイ

ピュイ山脈と
リマーニュ断層

世界自然遺産への登録理由

ヨーロッパのリフトシステム（地溝帯）の内で南部のシェヌデピュイの火山群とリマーニュ断層が世界遺産に登録されている❷。ここでは大陸がどのようにして裂け陥没するのか、またマグマの上昇がどのように地盤に影響を与えるのか、などプレートテクトニクス理論の発展に欠かせない情報が得られるからだ。

リマーニュ断層と地溝

リマーニュ断層（正断層）は 3500万年前ころからでき始め、東側の地盤がおよそ 3km ほど沈下❺。その結果、南北に延びる細長い地溝帯が造られ、そこに 3000m にもおよぶ厚い地層が堆積、現在のリマーニュ平野が形成された❻。

もしリフトシステム全体がこのまま拡大を続けると、やがてヨーロッパはリフトを境に 2つの大陸に分裂し、その間に海が侵入すると考えられている。

❹ピュイ山脈の主な火山とリマーニュ断層

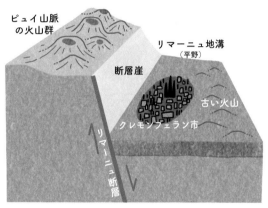

❺リマーニュ断層の西側に形成されたピュイ山脈の火山群。東側には古い火山がある

❻リマーニュ地溝（平野）とピュイ山脈の火山群の高原。北から南方を撮った写真。両者を境するリマーニュ断層がくっきり見る（図❺参照）

シェヌデピュイの火山群

リマーニュ断層に沿うように南北32kmにわたって細長く連なる火山群は10万年ほど前から活動を始め、現在は6000年前の噴火を最後に鳴りを潜めている。

個々の火山は1回きりの噴火で形成された単成火山とよばれる火山だ。これらの火山は火砕丘や溶岩ドーム、爆裂火口（マール）など多様な形を形成する。そ

の数はおよそ80。時にこれらが重なり合ってまとまった火山連峰をなす❼❽。

ちなみに世界的に有名な飲料水のボルヴィックは、この火山地域の地下水を汲み上げており、ボトルのラベルには火砕丘が描かれている。

火山を構成する岩石には玄武岩や粗面安山岩、粗面岩など多様な種類のものが見られるが、これらはマグマができた深さの違いと考えられており興味深い。

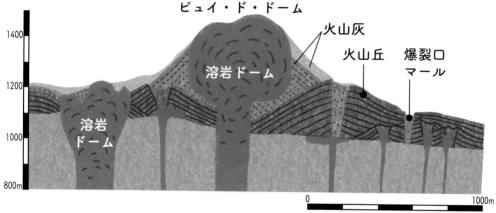

❼ピュイ・ド・ドーム周辺の模式断面図。一部は重なりながら南北に単成火山が並ぶ

❽東側から望むピュイ山脈の火山群。左奥が最高峰ピュイ・ド・ドーム1465m。手前はオプム村

08 大陸が分裂する東アフリカ地層帯

(億年前)	5.4	5	4	3	2.5	2	1	0.66	0.23	0 (現在)
	古生代					中生代			新生代	
	カンブリア紀 / オルドビス紀 / シルル紀 / デボン紀 / 石炭紀 / ペルム紀					三畳紀 / ジュラ紀 / 白亜紀			古第三紀 / 新第三紀	第四紀

Point!

☑ 太古の昔、何度も繰り返した大陸の分裂が今も東アフリカ大地溝帯で進行している

☑ 今からおよそ100万年後にはアフリカ大陸は2つの大陸に分裂し、海で隔てられると考えられている

☑ 地溝帯の内部では火山や断層（地震）が活発に活動している

❶地溝帯の活動でできたキリマンジャロ山5895m。赤道直下にあるが山頂は氷河に覆われる。ケニアのアンボセリ国立公園から望む

地球のダイナミックな息吹が感じられる

- キリマンジャロ山 `ケニア`
- ンゴロンゴロ `タンザニア`
- マラウイ湖 `マラウイ`

キリマンジャロ山
ンゴロンゴロ

マラウイ湖

巨大な大地の裂け目 東アフリカ大地溝帯

グレート・リフト・バレー

アフリカ大陸東部を南北に走る巨大な谷グレート・リフト・バレー（大地溝帯）❷。全長約4000km、幅30km〜60km。断層の落差は最大3000mにもなる。

しかもこの地溝帯は大陸からさらに紅海へと抜けて北西に延び、紅海からアカバ湾に入りヨルダンの死海へと2000km以上続く❷。まさに巨大な大地の裂け目だ。

また、地溝帯では多種多様な人類化石が発見され、人類進化の揺りかごとしても注目される（p.158）。

マントルプルームと火山

地溝帯から死海にかけてはよく知られたキリマンジャロ山❶やケニア山、ニーラゴンゴ山などたくさんの活火山が存在する❷。

しかしプレート境界でもない東アフリカ地溝帯にどうして活火山が多いのだろう。

最近ではX線の代わりに地震波を利用することで、私たちの身体の内部を調べるCTスキャンと同じように地球内部の状態が画像化できるようになってきた。

その結果、地溝帯の直下には、スーパー・プルームとよばれる巨大で高温のマントルの上昇流があることがわかっている❸。東アフリカの火山活動は高温のプルームの上昇に由来し、大地の裂け目はマントル対流が引き起こしたものだった❹。

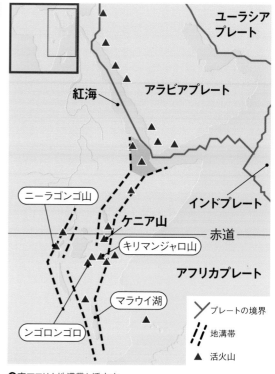

ユーラシアプレート

アラビアプレート

紅海

インドプレート

ニーラゴンゴ山

ケニア山

キリマンジャロ山

赤道

アフリカプレート

マラウイ湖

ンゴロンゴロ

プレートの境界

地溝帯

活火山

❷東アフリカ地溝帯と活火山

アフリカ大陸

大西洋中央海嶺

上部マントル

スーパー・プルーム

下部マントル

内核

外核

ユーラシア大陸

コールドプルーム

アメリカ大陸

チェジュ

日本

ハワイ

❸アフリカ大陸直下のスーパー・プルーム

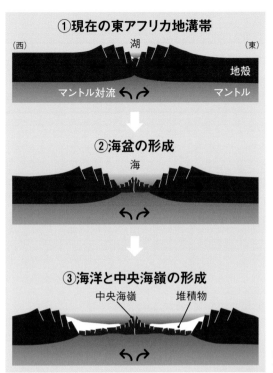

① 現在の東アフリカ地溝帯

（西）　湖　（東）

地殻

マントル対流 ←↑→ マントル

② 海盆の形成

海

←↑→

③ 海洋と中央海嶺の形成

中央海嶺　　堆積物

←↑→

❹地溝帯から中央海嶺への発達過程。
東アフリカは将来、新たな海ができる

🌏2つに分裂するアフリカ大陸

　こうした活動は1000万年前ころから始まり、将来にわたって続くと考えられる。現在の地溝帯は1年に平均5mmほどの速さで拡大しており、アフリカ大陸はやがて（およそ100万年後？）には2つに分裂し、その間に海が侵入すると思われる❺。

　そのことを裏付ける1つの例が紅海だ。かつてアフリカ大陸の一部だったアラビア半島やシナイ半島はアフリカから切り離され、現在は海によって隔てられている❻。

　私たちは今、およそ2億年前にゴンドワナ大陸が分裂してアフリカと南アメリカの両大陸に分かれ、南大西洋が拡大していったできごとと同じような現象を目の当たりにしつつあるのだ。

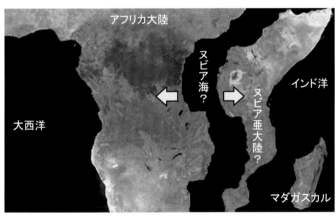

❺2つに分裂した100万年後のアフリカ

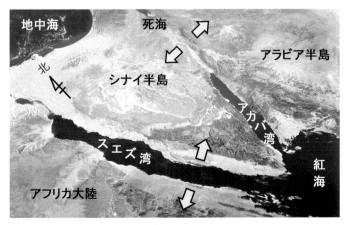

❻宇宙から見た紅海とアカバ湾。少しずつ拡大する様子が見て取れる

地溝帯の活動でできた キリマンジャロ山

アフリカ最高峰の活火山

　アフリカ大陸最高峰のキリマンジャロ山（5895m）❶。威風堂々とした山体は富士山の2500倍、単独峰としては世界最大だ。世界でも群を抜く巨大な山体は、地下で大量のマグマを生み出すスーパー・プルームの存在を窺（うかが）わせる❸。

　キリマンジャロ山の火山活動は250万年前ころから始まり、主に玄武岩質の溶岩を大量に噴出した。しかし現在は400年前の噴火を最後に静穏を保っている。

消えゆく氷河

　キリマンジャロ山は6000m近い標高があるため、赤道直下では珍しく時に雪が降り積もり、山頂は氷河に覆われる❼。その麓に豊富な地下水を供給し、アフリカでも数少ない貴重な氷河だ。しかし最近の地球温暖化はアフリカにも押し寄せ、20年後には消滅すると予測されている。

変化に富む多様な植生

　この山はアフリカ最高峰とあってトレッカーに人気がある。高度障害によって途中で登頂を断念する人もいるが、山麓から山頂にかけて、熱帯雨林から乾燥帯、ツンドラまで植生が大きく変化するところが1つの見どころだ。

ンゴロンゴロ保全地域と 奇妙な火山

ンゴロンゴロ・クレーター

　地溝帯内の火山はキリマンジャロ山の西方でも見られる。

　赤茶けた火山灰台地にぽっかり開いた巨大な凹みンゴロンゴロ・クレーター（カルデラ）は、東西20km、

❼地溝帯内にできた活火山キリマンジャロ山。赤道直下にあるが降雪と氷河が見られる

chapter2　大陸の衝突と分裂

南北 17km、深さ 600m にもなる巨大な火山だ❽。

　クレーターを造った巨大噴火は約 200万年前に起きたとされる。この噴火によって標高 5000m 前後あったと見られる火山が陥没し巨大な凹地を造ったのだ。

　今この凹地には、ライオン、ヒョウ、チーターなどの肉食獣をはじめ、ゾウ、カバ、クロサイ、シマウマなどの大型哺乳類など多種多様な生き物が棲息し、「世界最大の動物園」と称されている。

　またミネラルを多く含む火山灰は保全区に隣接するセレンゲティ国立公園の豊かな土壌と草原を生み出し、ここでも多くの生き物を支えている。

奇妙な火山

　ンゴロンゴロの近くに聳えるオルドイニョ・レンガイやサディマンは奇妙な火山として知られる❾。一般の火山はシリカを主成分とするマグマを噴出するが、これらの火山は石灰岩に似たカーボナタイトを噴出する❿。この特殊なマグマは大陸分裂に伴って発生することが多いとされる。

人類誕生の揺りかご

　ンゴロンゴロ保全地域の隣のオルドバイ渓谷❾、ラエトリ遺跡をはじめ、東アフリカ地溝帯内では猿人、原人、新人など人類化石が多数発見されている (p.169)。地溝帯は人類誕生の揺りかごでもある。

深い大地の裂け目にできた マラウイ湖

引き裂かれる湖

　東アフリカ地溝帯の南端部、タンザニアからマラウイにかけて南北に細長く延びるマラウイ湖は全長

❽ンゴロンゴロ・クレーター（カルデラ）。東西20km、南北17km、深さ600m。遠くにカルデラ壁が見える。クレーター内にはたくさんの野生動物が暮らしている

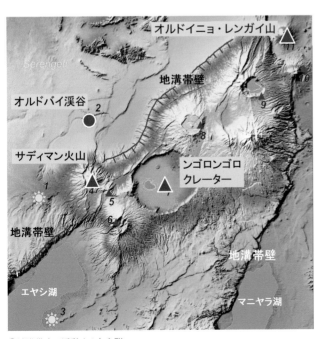

❾地溝帯内で活動する火山群

560km におよび⓫、湖底は現在の海面より 200m も低い。

　この形状はアフリカ大陸東部が東西に引き裂かれている証であり、そう遠くない将来、インド洋とつながって海が浸入すると予想されている❺。

　1989年 3月にマラウイ湖畔で発生した M6.6の地震は、拡大を続ける地溝帯の活動を示すものだった。

🐟 「湖のガラパゴス」

　またマラウイ湖は「湖のガラパゴス」と称されるほど魚類の固有種が多く、多種多様な進化が観察されている。

　豊富な魚類の中でもムブナやティラピアなどのシクリッド科（カワスズメ科）の魚類は 800種以上にもおよぶ。この爆発的分化には大地の裂け目にできた湖の閉鎖的な成り立ちが深く関わっていると思われる。

　特に興味深いのは、卵や稚魚が捕食されるのを防ぐため口の中で子育てをする「口内保育」で知られるムブナだ⓬。体長はわずか 10cm にすぎないが、その美しさから観賞用の熱帯魚として飼育されることがあり乱獲が懸念される。

❿奇妙な噴火をするレンガイ山（2960m）。白い部分が珍しいカーボナタイト溶岩

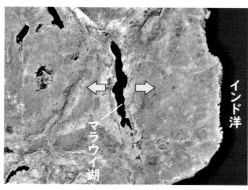

⓫引き裂かれるマラウイ湖。湖底は海面より低い

⓬シクリッド科のムブナ。固有種が多く口の中で子育てをする珍しい魚類

09 大陸が分裂する バイカル地溝帯

（億年前）	5.4	5		4		3	2.5	2		1	0.66	0.23	0（現在）
	古生代						中生代				新生代		
	カンブリア紀	オルドビス紀	シルル紀	デボン紀	石炭紀	ペルム紀	三畳紀	ジュラ紀		白亜紀	古第三紀	新第三紀	第四紀

❶さまざまな面で世界一を誇る氷結したバイカル湖。冬には全面凍結し、氷に閉じ込められた空気やメタンガスの泡が美しい

Point!

☑ バイカル湖はアムールプレート西端の地溝帯内部に形成された湖であり、将来、大陸が分裂し海とつながる可能性がある

☑ バイカル湖は2500万年前に形成された世界最古の湖であるが、現在も沈降・拡大を続けているため堆積物で埋まることはない

☑ 透明度、深さ、湖水量など世界一を誇る

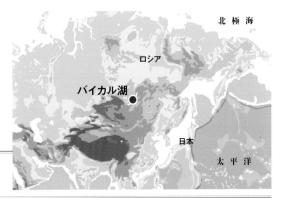

北極海

ロシア

バイカル湖

日本

太平洋

世界一深い最古の湖

● バイカル湖 ロシア

数々の世界一を誇る
バイカル湖の成り立ち

数々の世界一

幅 40～50km、長さ 670km。琵琶湖の 50倍近くある
シベリアのバイカル湖❶は、さまざまな点で世界一を誇る。

よく知られるのは 40m にもおよぶ透明度だ。かつ
て北海道の摩周湖が 41.6m の世界一を記録したが、
近年は環境の悪化によって透明度が低下している。

そして最大深度と湖水量。深さ 1741m は、第 2位
のアフリカ東部タンガニーカ湖（1471m）を大きく引
き離す。またその水量 2.3億 km³ は世界の淡水量の
20% を占め、琵琶湖の 820倍にもおよぶ。

さらにバイカル湖は 2500万年前に形成された世界
最古の湖であること。一般に湖は流れ込む堆積物でい
ずれ埋まってしまうが、バイカル湖では堆積量を上回
る速さで湖底が沈降・拡大し長寿を保っている。

バイカル湖の成り立ち

こうしたさまざまな世界一には湖の成り立ちが関係
している。

バイカル湖はアムールプレートとよばれるプレート
の西端にできた湖だ❷。湖の辺りでは、このプレート
がユーラシアプレートから南東方向に離れるように移
動しているため、正断層に挟まれた地溝とよばれる細
長い大地の裂け目ができる❷❸。その地溝帯に水が溜
まってできた湖がバイカル湖だ。

こうした断層や地溝帯は、南半球から北上してきた
インド亜大陸がユーラシア大陸に衝突（p.36）した際
にでき始めたとされる。

インド亜大陸の衝突・北上は現在も続いているため、
地溝帯では地震活動が活発で、バイカル湖は今でも毎
年およそ幅 2cm、深さ 6cm ずつ拡大しているという。

こうした活動がこのまま続くと仮定すると、2000
万年後にはユーラシア大陸東部は 2つに分裂し、バイ
カル湖には海が侵入すると考える研究者もいる。

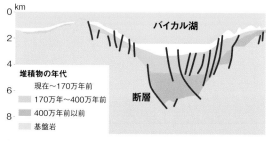

❸地震波探査から得られたバイカル湖の断面。断層（赤い線）が発達する

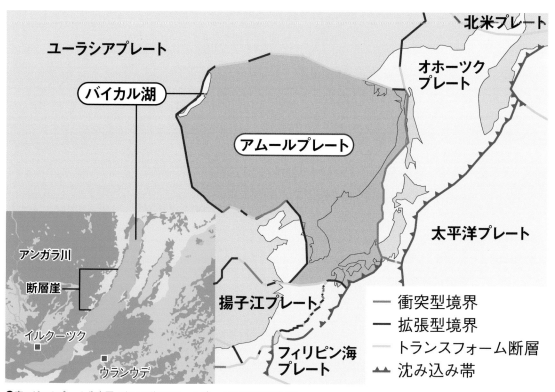

❷東アジアのプレート分布図。バイカル湖はアムールプレートの西端に位置する

バイカル湖の姿

断層に囲まれた湖

　湖の湖岸は急な崖になっているところが多く、地溝帯の断層崖を形成する❸❹。人の進出を拒む急峻な地形は、開発を免れ自然環境が守られてきた理由の1つとなっている。

シベリアの真珠

　透明度世界一でシベリアの真珠とよばれるバイカル湖❺。それには湖底で群生する海綿動物が大きな役割を果たしている。スポンジのような海綿は1cm²あたり1日で10ℓもの湖水を濾過するという。

　春先になると氷の下で大量の植物プランクトンが発生し透明度が落ちるものの、全面凍結した氷が溶けるとプランクトンは冷たく重い水と共に湖底に沈み透明度が保たれる。

バイカルアザラシ

　淡水で暮らす世界で唯一のバイカルアザラシ❻。バイカル湖とその周辺の河川に約9万頭が棲息する。

　元々彼らの祖先は海のアザラシだった。およそ40万年前に北極海から河川を伝って遡上してきた群れがバイカル湖に封じ込められ定住するようになったとされる。アザラシの他にも多様な生き物が棲息するが、70%以上が固有種だ。

❹湖畔の山地に見られる三角末端面（濃い緑の部分）は活断層の存在を示唆する

❺シベリアの真珠バイカル湖。湖岸は断層運動を反映して急な崖になっているところが多い

❻バイカルアザラシ。淡水で暮らす珍しいアザラシ。約9万頭が棲息

10 大陸分裂の爪痕が残る降水玄武岩

5.4　　5　　　　4　　　　3　2.5　　2　▼　　　▼　1　0.66　0.23

（億年前）

古生代						中生代			新生代	
カンブリア紀	オルドビス紀	シルル紀	デボン紀	石炭紀	ペルム紀	三畳紀	ジュラ紀	白亜紀	古第三紀	新第三紀 第四紀

Point!

- ☑ 超大陸パンゲアは2億年前ころから分裂・移動を開始し大西洋が拡大した
- ☑ 大陸分裂の原因は地下深くから湧き上がるスーパー・プルームにある
- ☑ スーパー・プルームの上昇によって大量のマグマが形成され洪水玄武岩を噴出した
- ☑ 洪水玄武岩は巨大滝や石柱群を生み出した

❶大陸分裂に伴う洪水玄武岩が造った景観。
上:渇水期のヴィクトリアの滝／下:ジャイアンツ・コーズウェイ

洪水玄武岩が造った壮大な景観

- ヴィクトリアの滝 ジンバブエ・ザンビア
- イグアスの滝 ブラジル・アルゼンチン
- ジャイアンツ・コーズウェイ イギリス

スーパー・プルームと超大陸の分裂

超大陸パンゲアの分裂

　ウェゲナーが大陸移動説の中で提唱した超大陸パンゲアは、およそ 3億年前ころには存在し、2億年前ころになると分裂と移動を始め、最終的に現在の 5大陸となった❷。

　ウェゲナーは大陸の分裂を裏付ける証拠として、アフリカの西岸と南アメリカ東岸の海岸線の形がよく似ておりつなぎ合わすことができること、両大陸を合体すると双方の同時代の地層や化石の分布がよくつながること、などをあげている。

スーパー・プルームの上昇

　では大陸を引き裂き移動させる力はどこから由来したのか。ウェゲナーの時代にはそこまで説明することはできなかった。

　今では、その巨大な力は地球内部のマントルの動きに由来することがわかっている。

　スーパー・プルームとよばれる高温のマントルが地下深くから湧き上がり、上部マントルとぶつかって左右に広がる❸。p.45の東アフリカ地溝帯の項でも示したが、このとき、地殻の上部に向かって裂け目が入り、両側に引き離す力が働く。そのためスーパー・プルームの活動が長く続くと、大陸は分裂し移動していくと考えられる。

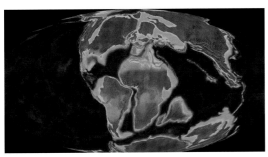

❷超大陸パンゲアの分裂が始まったころの想像図

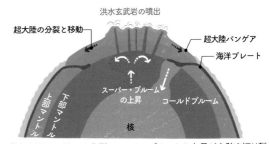

❸超大陸パンゲアの分裂。スーパー・プルームの上昇が大陸を切り裂き洪水玄武岩を噴出させる

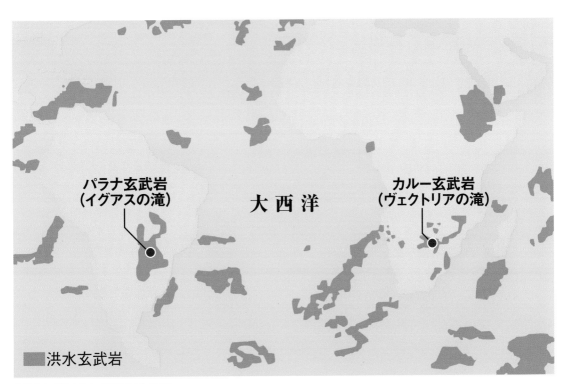

パラナ玄武岩
（イグアスの滝）

大 西 洋

カルー玄武岩
（ヴェクトリアの滝）

■ 洪水玄武岩

❹洪水玄武岩の分布。広範囲に分布する

世界3大瀑布の1つ ヴィクトリアの滝

巨大な割れ目と迫力の滝

アフリカを東西にゆったりと流れる大河ザンベジ川は、アフリカ南部のザンビアとジンバブエの国境までくると、巨大な割れ目にいっ気に落ち込む。世界3大瀑布の1つヴィクトリアの滝だ❶❺❻。

幅1708m、落差最大108m。増水期には毎分5億ℓ、東京ドームの半分近い水が流れ落ち、高さ800mまで水煙が立ち上る。

その迫力は凄まじい。増水期には大量の水の落下によって生じる瀑風と水煙によって近寄るのも難しく、滝そのものが見えなくなってしまうほどだ。

溶岩台地にできた巨大な滝

ザンベジ川とヴィクトリアの滝は、洪水玄武岩によってできた広大な溶岩台地の上にある❹。

溶岩はカルー玄武岩とよばれ、1億8000万年前に噴出❸。その量、250万km²。日本列島を厚さ約7000mの溶岩が覆い尽くすほどの膨大な量だった。ヴィクトリアの滝はこの溶岩の節理を拡大するように流れ落ちている。

そして、大量の溶岩を噴出した巨大噴火は始まったばかりの超大陸パンゲアの分裂に伴うものだったとされる。

移動する滝

ヴィクトリアの滝は、およそ500万年前に誕生して以来、7回もその位置を上流側へと移し替えてきた興味深い滝でもある。

滝の下流には、ほぼ東西方向にジグザグと深い谷がいくつも刻まれているが、この谷こそが、かつての滝の位置を示している❻。

溶岩が冷え固まるときに節理とよばれる割れ目が入ることは先に述べた。滝はその節理の隙間に沿って成長し、合計8回もその位置を変えてきたのだ。

現在、次の第9世代の滝が滝の西端から少しずつ成長しつつある様子が観察できる（図❻の破線）。

❺渇水期のヴィクトリアの滝。メインフォールズ

❻溶岩台地に刻まれたヴィクトリアの滝の変遷。滝は数字の順に上流へ移動し、現在の滝は第8世代にあたる。破線は未来の第9世代の滝の予想位置を示す。写真右方向が北

もう1つの世界3大瀑布 イグアスの滝

🌎 世界最大の滝

南米のイグアスの滝❼は、幅約4km、最大落差82m、平均流量はヴィクトリアの滝の1.6倍。その規模では世界最大の滝だ。

世界3大瀑布の3つ目、北米のナイアガラの滝は、水量は多いが規模においてやや見劣りする。

イグアスの滝の最大の見どころは「悪魔ののど笛」とよばれるU字形の滝だ❼❽。幅150m、落差82m。アルゼンチン側の遊歩道から見下ろす水の勢いは身がすくむほどの迫力がある。

🌎 パラナ玄武岩

亜熱帯の深い森をゆったりと流れる南米の大河パラナ川❼。この川もイグアスの滝もヴィクトリアの滝と同じように広大な溶岩台地の上にある❼❽。

この溶岩台地を造ったパラナ玄武岩は、1億3000万年前の大西洋の拡大期に噴出したもので、日本の面積の3倍を超える広大な大地を覆っている❹。

イグアスの滝付近では溶岩の厚さは1000mにもなるとされる。地表では固さの異なる2層の溶岩層が露出するため、滝は2段に分かれて流れ落ちる❼。滝の落下点の岩壁に柱状節理の入った溶岩が観察できる❽。

❼イグアスの滝。性質が異なる溶岩の層が2層あるため、滝も2段に分かれる。左手前がブラジル、右上がアルゼンチン。左奥にこの滝のハイライト「悪魔ののど笛」が見える

❽ブラジル側の滝。水量が多いと瀑風と水しぶきでびしょ濡れになる。左奥のアルゼンチン側に「悪魔ののど笛」が水煙で霞んで見える

❾ジャイアンツ・コーズウェイの石柱群。5800万年前の洪水玄武岩からなる。同じものがスコットランドでも見られる

大西洋
大西洋
スタッファ島
● コーズウェイ
アイルランド
イギリス

❿石柱のでき方

大西洋の拡大と
ジャイアンツ・コーズウェイ

4万本の石柱群

　北アイルランドの海岸には膨大な数の美しい石柱群が露出する❾。同じようなものは玄武洞や東尋坊（とうじんぼう）など日本各地で見られるが、その数 4万本は圧倒的で類を見ない。

　6角形の石柱は柱状節理とよばれ、溶岩が冷え固まる時にできる❿。6角形以外の 4角形や5角形のものも見かけるが数は少なく、全体として歪みやすき間の小さい 6角形の節理ができやすい。石柱の断面はまるで蜂の巣のようにも見る❾。

大西洋の拡大と洪水玄武岩

　対岸のスコットランドにも同じような石柱群がある。フィンガルの洞窟で知られるスタッファ島などだ❾。

　これらの石柱群を造ったのは 5800万年前ころに噴出した洪水玄武岩だ。総噴出量は大西洋の海底に残された分まで含めると 660万 km^3。東京ドーム 53億個に相当する膨大なものだった。

　この洪水玄武岩は、超大陸パンゲアの北部を占めていたローラシア大陸がヨーロッパと北アメリカに分裂し、北大西洋が拡大していく際に起きた巨大噴火によ

熱い溶岩が下の地面に対して平行に冷却し始め、ひび割れができはじめる

溶岩の表面には三叉のひび割れができはじめる

ひび割れは成長し、くっつき合って4〜7角形の形ができる

冷却が進むとひび割れは下の方に進み、石柱が形成されてゆく

冷却に伴い石柱の高さも縮まり、水平な割れ目ができる

るものだ。

　石柱群が誕生したころはコーズウェイから遠く沖合に北米大陸が見渡せたに違いない。

第3章
生物の進化

11 進化論を生み出した島

5.4	5		4		3	2.5	2		1	0.66	0.23	0 (現在)
(億年前)		古生代					中生代				新生代	

カンブリア紀	オルドビス紀	シルル紀	デボン紀	石炭紀	ペルム紀	三畳紀	ジュラ紀	白亜紀	古第三紀	新第三紀	第四紀

❶空港の建設に伴い隣のバルトラ島から強制移住させられた陸イグアナ。ノースセイモア島。右上は海イグアナ

Point!

☑ ガラパゴスは南米大陸から1000km離れた絶海の孤島。ダーウィンはここに約1カ月滞在し、動植物についてさまざまな調査を行った

☑ ダーウィンはマネシツグミ、フィンチ、ゾウガメなどを観察し、これらが島ごとに微妙に異なる形質をもつことから進化論の着想を得、『種の起源』を著した

大西洋

赤道

ガラパゴス諸島

太平洋

ダーウィンが進化論の着想を得た絶海の孤島

● ガラパゴス諸島 エクアドル

多様な進化が観察できる火山の島々

ダーウィンの進化論の島

南米赤道直下のガラパゴス諸島は、かつてビーグル号で航海中のダーウィンが進化論のヒントを得た島として知られる❷❸。彼はそこでゾウガメやダーウィンフィンチ、マネシツグミなどに興味をもち、それぞれが島ごとに微妙に異なっていることに気がついた。

イギリスに帰国後、こうした観察などを元に進化論（自然選択説）の着想を得た。

生き物は個体間の生存競争の結果、環境に有利な変異個体がより多く子孫を残すことによって環境の変化に適応する方向へと進化すると考え、『種の起源』を著した❹。

独自の進化を促したもの

ガラパゴス諸島にはこの島ならではの固有種が多い。

その理由はガラパゴス諸島が大陸から1000km離れた絶海の孤島であり、大陸と陸続きになったことがなかったことにある。生物にとって1000kmもの移動は難しい。

そして周辺を流れる海流。ガラパゴス諸島は寒流のペルー海流と暖流のパナマ海流がぶつかる位置にあり、変化に富む環境が島ごとに多様な進化を促した。赤道直下でペンギンとサンゴの両方が見られるのも寒暖の海流のおかげだ。

❷大小15の島からなるガラパゴス諸島

❸ダーウィンが乗ったビーグル号の航路

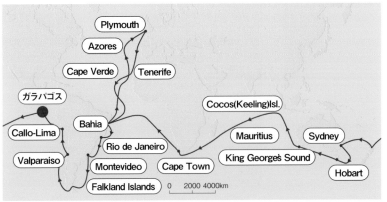

❹1859年の初版から第6版までの『種の起源』。13年間で6回修正された

ユニークな進化を遂げた植物たち

サボテンと動物たちの共進化

　多くはサンタクルス島のダーウィン研究所に大きなウチワサボテンが生えている❺。赤く太い幹は赤マツのように見える。

　ところがノースセイモア島に渡ると同じ種のサボテンなのに幹は短く地面から草のように伸びている❻。

　この違いにはサボテンを食べる陸イグアナやゾウガメが関わっている。このサボテンは彼らが棲息する島では茎を食べられないように幹を高く伸ばしていったが、彼らがいない島ではその必要がなかった。同じサボテンが島ごとの動物に対応して進化したのだ。

　最近、陸イグアナのいなかった島に隣の島から強制的に移住させられたノースセイモア島では、今後のウチワサボテンの進化が注目される❶。

木になったキク科植物

　ガラパゴスの固有種スカレシアの仲間も島や標高ごとに姿が異なる❼。この植物の先祖は、その実が鳥の羽毛にくっついて大陸から運ばれてきたキク科の草本植物だという。ところが、島に定着後は環境に応じて草本から木本状へと姿を変えていった。このことからスカレシアは「木のまねをしている草」「植物界のフィンチ」などと称される。

ダーウィンが注目した動物たち

ガラパゴスの象徴ゾウガメ

　島の名前の由来ともなったゾウガメ。乱獲や家畜が原因で絶滅した島もあるが、現在、11種が棲息する。

　種の違いは甲羅の形に顕著に現れている。冷涼で下

❺樹状のウチワサボテン。サンタクルス島。この島にはゾウガメが棲息する

❻陸イグアナに囓られたウチワサボテン。ノースセイモア島。かつてはゾウガメもイグアナもいなかった

❼木に進化したキク科の植物スカレシア。サンタクルス島

草が多い高地ではドーム型❽、乾燥した島や低地では水分の多いサボテンなどを主食とするため首が伸ばしやすい鞍型❾、に進化したとされる。

🐢 フィンチのくちばし

フィンチはスズメ大の小鳥で13種確認されている。

ダーウィンは帰国後、そのくちばしの形に注目❿。種子を主食とする地上フィンチはくちばしが太くてがっしりとし、虫が主食の樹上フィンチは細長い。環境・食べ物に合わせて形を変化させたのだ。

🌏 イグアナの起源の謎

ガラパゴスを象徴するイグアナ❶。彼らは南米大陸起源とされるが、1000kmの海を渡ってきたとは考えにくい。

そこで注目されるのが島の東へと延びるカーネギー海嶺だ（p.27❼）。現在は海面下に沈んでいるが、かつては点々と島をなしており、その島伝いに移動しガラパゴス諸島に辿り着いたとする説がある。

❽ドーム型ゾウガメ。フロレアナ島の人工飼育場

❾鞍型ゾウガメ。ピンタ島最後の1頭ロンサム・ジョージ。2012年に死亡した

1.地上フィンチ：オオガラパゴスフィンチ
2.地上フィンチ：ガラパゴスフィンチ
3.地上フィンチ：コダーウィンフィンチ
4.樹上フィンチ：ムシクイフィンチ

❿ダーウィンフィンチのくちばし

12 植物の多様な進化が見られる植物地域

	5.4		5		4		3	2.5		2		1	0.66	0.23	0 (現在)
(億年前)	古生代								中生代				新生代		
	カンブリア紀	オルドビス紀	シルル紀	デボン紀	石炭紀	ペルム紀	三畳紀		ジュラ紀		白亜紀		古第三紀	新第三紀	第四紀

Point!

- ☑ 世界の植物相は6つの植物区にまとめられる。南アフリカのケープ植物区は最も小さいが、熱帯雨林に匹敵する多様性をもつ

- ☑ ケープ植物区は大陸の南端にあって海と乾燥した高地に挟まれているため、植物は独自の進化を遂げている

- ☑ ここでは適応進化の姿がよくわかる

❶ケープタウンの街の背後に聳えるテーブルマウンテン(1087m)。古生代前期の固い砂岩からなる。手前の植物群落はこの山の固有種ワトソニア

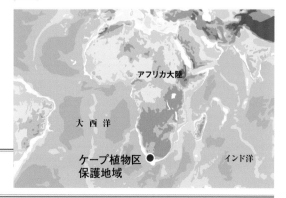

アフリカ大陸

大西洋

ケープ植物区
保護地域

インド洋

世界一小さい植物区

● ケープ植物区保護地域 南アフリカ

多様性が際立つ世界最小の植物区

ケープ植物区

植物は環境の影響を強く受けるため地域によって植物相は大きく異なる。そこで植物相はその特徴の違いから6つの植物区に分けられている❷。

その中の1つケープ植物区は面積が最も小さいにもかかわらず多様性が際立つ。

その広さはアフリカ大陸のたったの0.5%❷。しかしその狭い範囲にアフリカの全植物種の20%が自生する。しかも推定9000種の内の7割が固有種とされ、熱帯雨林の多様性をも上回る。中でもフィンボスとよばれる灌木が多数を占める。

特異な環境と植物の進化

ケープ植物区に固有種が多い理由の1つは、大陸の最南端にあるという地理的な条件。南側はインド洋と大西洋に挟まれ、北側では東西に走るケープ褶曲山脈とその先に広がる乾燥した中央高地が植物の障壁になっている。

そして沖合では暖流と寒流がぶつかり、地中海性〜ステップ気候の特異な環境にあることがあげられる❸。

またケープ半島では第四紀の海水準変動によって何度も大陸から切り離され島になったことも植物の多様性を生み出す要因の1つと考えられる。

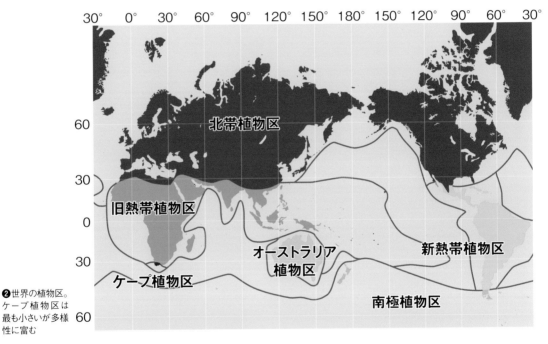

❷世界の植物区。ケープ植物区は最も小さいが多様性に富む

（地図中ラベル）
北帯植物区
旧熱帯植物区
ケープ植物区
オーストラリア植物区
新熱帯植物区
南極植物区

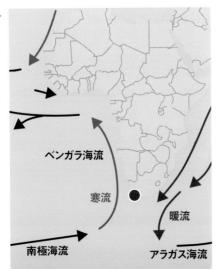

❸沖合を流れる海流

ベンガラ海流
寒流
暖流
南極海流
アラガス海流

❹ケープ半島の地図

ケープタウン
テーブルマウンテン
太西洋
フォルス湾
ケープポイント
喜望峰
インド洋
10km

陸の孤島 テーブルマウンテン

テーブルマウンテン

アフリカ随一の美しい街ケープタウン。かつては東インド会社の補給基地として栄えた。

この町の背後には山頂をナイフで切り取ったかのような真っ平らな山が聳える❶。水平に堆積した固い砂岩層が長年の侵食作用に耐えて形成された山だ。

固有種の宝庫

標高1087m。テーブルマウンテンとよばれるこの山は周囲を断崖絶壁で取り囲まれ、強風にさらされて冷涼で乾燥した厳しい環境と相まって植物の独自進化を促し、数多くの固有種を生み出してきた。狭い範囲にもかかわらず、その数は1470種にもなるという。

またテーブルマウンテンを含むケープ半島は、氷期の海面低下によって大陸から切り離され陸の孤島になったことも固有種を生み出す原因の1つになったと思われる。

テーブルクロス現象と進化

南はインド洋、西は大西洋に面するこの山は絶えず強風と乾燥に晒されているものの、時として山頂にテーブルクロスとよばれる雲が架かることがある❺。山頂の植物はこの雲からもたらされる水滴を集め、乾燥に耐える工夫を進化させてきた。

たとえば、固有種のエドモンディアは、茎にうろこ状の小さな葉をびっしり生やし、茎に付着するわずかな水滴を葉と茎の隙間に集め吸い取っている❻。またワトソニアは葉を袋状に丸め、その中に水を溜めることができる❶。

いずれもテーブルマウンテンの乾燥した特殊な環境に適応するように進化したのだ。

植物区を代表するエリカ

ケープ植物区を特徴付ける植物の1つがツツジ科のエリカだ❼。

乾燥地帯では山火事がつきものだが、エリカ・ファ

❺テーブルマウンテンに架かるテーブルクロス

❼エリカ・ファイヤヒース。山火事のあといち早く生える

❻エドモンディア。うろこ状の葉の隙間に水を集める

イヤヒースとよばれる植物はその名前の通り、山火事があるといち早く生える植物として知られる。

世界自然遺産になった世界初の植物園

カーステンボッシュ植物園はテーブルマウンテンの南東麓に広がる植物園。世界で初めて自然遺産に登録された世界有数の植物園だ。

広大な園内には南アフリカの国花キングプロテア❽を始め、ケープ植物区の植物約 9000 種が集められている。その内のおよその 70％を南アフリカの固有種が占める。

❽南アフリカの国花キングプロテア

園内の花は、一斉に咲く 8月～ 10月の春が見頃とされる。

喜望峰自然保護区

フィンボス

ケープ半島はケープタウンの街から南へ細長く延びる❹。その先端には有名な喜望峰と自然保護区があり、人気の観光地となっている。

保護区は広大な丘陵地帯にあり、フィンボス（アフリカーンス語で「細い灌木」を意味する）とよばれる灌木地域が広がっている❾❿。

フィンボスの植物の大半は人の背丈ほどで、大きな樹木はほとんど見あたらない。テーブルマウンテンと同じ非常に固い砂岩層と乾燥、海から絶えず吹き付ける強い偏西風が背の高い樹木の生育を妨げているのだ。

フィンボスの灌木はこうした厳しい環境下でもよく育つ。ケープ植物区全体の約半分はこのフィンボスで覆われ、種の数では 80％を占めるとされる。

❾道端で出会ったダチョウの親子とフィンボス。人をほとんど恐れない。周囲の灌木がフィンボス

山火事とフィンボス

　またケープ地方も乾燥し、公園入口には山火事危険度が表示されているように山火事が発生しやすい。そこでエリカと同じように、フィンボスの1つヤマモガシ科の植物リューカデンドロン❿は、進化の過程で山火事を組み込み、その種は火事のあとで芽を出す仕組みになっている。

喜望峰

　15世紀の末、バスコ・ダ・ガマのインド航路発見で有名になった喜望峰⓫。ここは沖合で暖流と寒流がぶつかるため、「嵐の岬」とよばれるほど強い風が吹き付ける⓬。

　喜望峰はアフリカ最南端の岬ではなく、実際には150km東にあるアグラス岬が最南端だ。また大阪とほぼ同じ南緯34度にあることも少々意外に思えなくもない。

　ここから隣の岬ケープポイントまで遊歩道を歩くと、プロテア、エリカ、アロエなどの花やダチョウ、ヒヒ、シマウマなどの動物に出会すことがある❾。厳しい環境にあっても、その環境に適応した豊かな生態系が育まれている。

❿ヤマモガシ科のリューカデンドロン。山火事のあとに種が芽を出すしくみになっている

⓫意外と殺風景な喜望峰。奥の丘

⓬喜望峰とディアス・ビーチ。台地には灌木林のフィンボスと草地が広がる

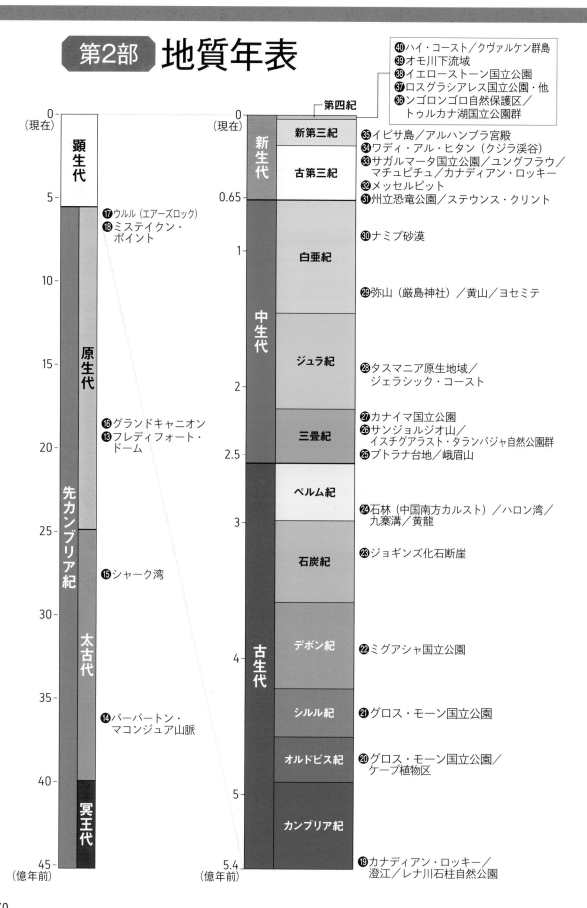

㊵ ハイ・コースト／クヴァルケン群島
㊴ オモ川下流域
㊳ イエローストーン国立公園
㊲ ロスグラシアレス国立公園・他
㊱ ンゴロンゴロ自然保護区／
　　 トゥルカナ湖国立公園群

㉟ イビサ島／アルハンブラ宮殿
㉞ ワディ・アル・ヒタン（クジラ渓谷）
㉝ サガルマータ国立公園／ユングフラウ／
　　 マチュピチュ／カナディアン・ロッキー
㉜ メッセルピット
㉛ 州立恐竜公園／ステウンス・クリント

㉚ ナミブ砂漠

㉙ 弥山（厳島神社）／黄山／ヨセミテ

㉘ タスマニア原生地域／
　　 ジェラシック・コースト

㉗ カナイマ国立公園
㉖ サンジョルジオ山／
　　 イスチグアラスト・タランパジャ自然公園群
㉕ プトラナ台地／峨眉山

㉔ 石林（中国南方カルスト）／ハロン湾／
　　 九寨溝／黄龍

㉓ ジョギンズ化石断崖

㉒ ミグアシャ国立公園

㉑ グロス・モーン国立公園

⑳ グロス・モーン国立公園／
　　 ケープ植物区

⑲ カナディアン・ロッキー／
　　 澄江／レナ川石柱自然公園

⑰ ウルル（エアーズロック）
⑱ ミステイクン・
　　 ポイント

⑯ グランドキャニオン
⑬ フレディフォート・
　　 ドーム

⑮ シャーク湾

⑭ バーバートン・
　　 マコンジュア山脈

新生代／新第三紀／古第三紀
中生代／白亜紀／ジュラ紀／三畳紀
古生代／ペルム紀／石炭紀／デボン紀／シルル紀／オルドビス紀／カンブリア紀
第四紀

顕生代／原生代／先カンブリア紀／太古代／冥王代

0（現在）／5／10／15／20／25／30／35／40／45（億年前）

0（現在）／0.65／1／2／2.5／3／4／5／5.4（億年前）

第4章
先カンブリア時代

13 隕石衝突と原始地球の誕生

冥王代・原生代

45(億年) 40 35 30 25 20 15 10 5 0(現在)								

先カンブリア時代			顕生代
冥王代	太古代	原生代	古生代 / 中生代 / 新生代

❶フレデフォート・ドームの縁辺部の丘。図❸の弧状のしわ部分に相当する。中央の川はバール川

Point!

☑ 地球は46億年前に誕生したが、その当時の様子を探ろうにもその後の地殻変動や侵食作用によって痕跡は失われている

☑ 20億年前の隕石衝突痕のフレデフォート・ドームから原始地球誕生のヒントが得られる

☑ 巨大隕石衝突によって月やマグマオーシャンが形成され地球の層構造ができた

インド
アフリカ
インド洋
大西洋
● フレデフォート・ドーム

世界最大、20億年前の巨大隕石衝突の痕跡

● フレデフォート・ドーム 南アフリカ

原始地球の誕生と隕石の衝突

地球と月、陸と海の誕生

私たちの地球はおよそ46億年前に誕生した。その直後には月が形成され、やがて海や陸、そして大気ができた。

ではこの地球や月はどのようにしてできたのか。その謎を探ろうにも地殻変動や侵食の激しい今の地球から誕生当時の痕跡を探すことは難しい。

カギを握る微惑星の衝突合体

しかし、その謎は太陽系の探査やコンピュータ・シミュレーションなどによって明らかになりつつある。カギを握るのは微惑星とよばれる直径10kmほどの小天体だ。

この微惑星が衝突・合体を繰り返すことで少しずつ成長し、惑星の元となる原始惑星ができる。特に大きい物は周りの天体を引き寄せ合体するため急速に成長する。こうして誕生したのが原始地球だ。

マグマオーシャン

誕生直後の地球では想像を絶する激しい天体衝突が続いていたに違いない。大小さまざまな隕石が次々と降り注ぐ。激しい衝突は一瞬で岩を溶かすほどのエネルギーをもつ❷。

こうして地球表面には高熱でどろどろに溶けマグマオーシャンとよばれるマグマの海が広がった。このとき重い鉄やニッケルは地球の中心へと沈み核を形成。軽い物質はマントルや地殻となり、地球の層構造が造られたと考えられる。

ジャイアント・インパクト

私たちの兄妹星・月も地球と同じ46億年前ころにできたことがわかっており、地球の形成と深く関わっている。

原始地球ができて間もなくのこと。ティアとよばれる火星サイズの天体が地球に斜め方向から激突❹。地球からはぎ取られ宇宙空間に飛び散った無数の破片が地球の周りを回転するようになり、やがて1つの大きな塊にまとまっていった。それが現在の月だとされる。

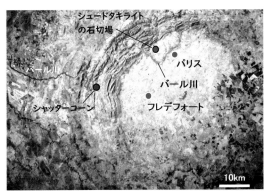

❸宇宙から見たフレデフォート・ドーム。直径約70km

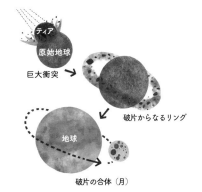

❹ジャイアント・インパクト説による月の形成過程。ティアとよばれる小天体が斜め方向から衝突。飛び散った地球の破片が現在の月を形成した

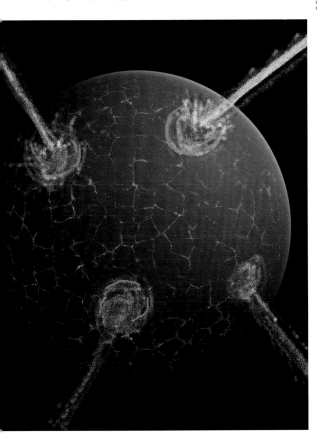

❷微惑星の衝突で成長する原始地球

巨大な衝突痕
フレデフォート・ドーム

宇宙から南アフリカを見ると丸い大きな構造が目に入る。隕石（直径約10km）衝突によってできた直径約70kmのフレデフォート・ドームだ❸。

このドームは激しい衝突によるリバウンドで盛り上がったもので、長い年月をかけて削られ丸い凹地となったもの。

隕石孔は直径約300km。しかし衝突は20億年前に起きたため、侵食と堆積作用によって大半が失われている❺。

地球は微惑星の衝突・合体を繰り返してきたが、フレデフォート・ドームからその衝突の凄まじさの一端が垣間見える。

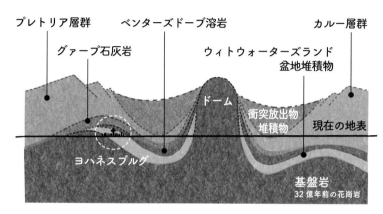

プレトリア層群　グァープ石灰岩　ベンターズドーブ溶岩　ウィトウォーターズランド盆地堆積物　カルー層群　ドーム　衝突放出物堆積物　現在の地表　ヨハネスブルグ　基盤岩 32億年前の花崗岩

❺フレデフォート・クレータの模式断面図。現在はドームの部分だけが丸い構造❸として残っている。ヨハネスブルグは衝突がもたらした金鉱山によって発展してきた

🌍 隕石衝突の証拠

シャッターコーン

シャッターコーンとは衝突に伴う衝撃波で岩石にできる円錐形の条線❻。この発見によって隕石衝突説が確定した。

シュードタキライト

ドーム内の石切場で見つかったシュードタキライトは、衝突の際に花崗岩が溶けて固まったもの❼。溶けた部分が黒く固まり、その中に大小さまざまな花崗岩が取り込まれている。

🌍 衝撃変成鉱物

激しい隕石衝突は鉱物にもその爪痕を残す。石英やジルコンなどに見られる衝撃変成作用だ。鉱物内に記録された特異な縞模様が衝突の衝撃を物語っている❽。

❻円錐形の条線・シャッターコーン。この写真はカナダのシャルルヴォワ・クレータの石灰岩

❼花崗岩が溶けてできたシュードタキライト。石切場の高さは2〜3m

❽隕石衝突の衝撃でめくれ上がった地層。フレデフォートのドームの周囲で見られる

14 地球初期の情報を留める山脈 太古代

45	40	35	30	25	20	15	10	5	0
（億年前） | | | | | | | | | （現在）

先カンブリア時代	顕生代

冥王代	太古代	原生代	古生代	中生代	新生代

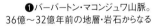

❶バーバートン・マコンジュワ山脈。
36億〜32億年前の地層・岩石からなる

Point!

☑ 地球の誕生とその後についての情報は乏しいが、南アフリカには地球誕生から10億年後の地層・岩石が良好な状態で残っている

☑ 南アフリカのバーバートン・マコンジュワ山脈では初期地球の環境を反映した特殊な火山岩、バクテリア様の微化石、地球外有機物、巨大隕石衝突の痕跡など重要な発見が相次ぐ

アフリカ　インド　インド洋　大西洋

バーバートン・マコンジュワ山脈

保存状態の良い世界最古級の地層からなる

● バーバートン・マコンジュワ山脈
南アフリカ

地球初期の痕跡を留める
クラトン（安定陸塊）

最古の超大陸バールバラ

地球誕生直後にできたマグマオーシャン（前節）が冷えて固まってくると陸と海ができ始める。

まだ謎も多いが、36億年前ころからできめた最古の超大陸バールバラが31億年前には存在したとする仮説がある。南アフリカのカープバール・クラトン（安定陸塊。盾状地のように古く安定した大陸地殻）とオーストラリアのピルバラ・クラトンが同時代のもので地質構造も似ていることから、かつて両クラトンは1つの超大陸を形成していたのではないかという考え方だ（バールバラは両陸塊の名前をとった造語）❸。

保存状態良好の地層岩石

誕生間もない地球はどんな姿だったのか。それを知るには情報を記録した地層や岩石の存在が欠かせないが、古いものは消滅、変質していることが多い。

たとえば、現在の海洋プレートはいずれ海溝で沈み込んでいくため、2億年前より古い海洋地殻は存在しない。一方大陸を造る岩石は軽いため沈み込むことはないが、大陸は数億年ごとに離合集散を繰り返す

（ウィルソンサイクル→ p.31）。そのため岩石は変形・変成作用を受け、元の姿を留めていないことが多い。また侵食作用によって消失することもある。

したがって、地層・岩石は一般的に、古くなるほど形成当時の情報が失われてゆく。

ところが南アフリカのバーバートン・マコンジュワ山脈には 36億〜 32億年前の保存状態の良い地層岩石が残されており注目されている❶❷。

初期地球情報の宝庫
マコンジュワ山脈

保存状態の良い緑色岩帯

バーバートン・マコンジュワ山脈は、ヨハネスブルグの東 300km ほどにある。

この山脈の西部にバーバートン緑色岩（変成作用を受けた玄武岩）帯とよばれる地質体があり❸、ここから初期地球についてさまざまな情報が得られることから、その地質学的価値が高く評価され世界自然遺産に登録されている。

この緑色岩帯はカープバール・クラトンの東端に位置し❹、地球上で最も古いとされる地殻が露出する。しかも変成作用をあまり被っておらず、保存状態もきわめて良好でアクセスしやすい場所にある。

❷標高600〜1800mほどのバーバートン・マコンジュワ山脈。侵食作用が進んでいるが地層の保存状態は極めて良好なので世界中の研究者から注目されている

❸バーバートン緑色岩帯の地質

❹30億年前ころの地層からなる2つのクラトン。かつて超大陸を構成？

高温地球とコマチアイト

緑色岩帯で注目されるのが 35 億年前のコマチアイトだ❺❽。シリカ成分（SiO_2）に乏しく、マグネシウムや鉄に富む超苦鉄質の火山岩で、現在の地球では産しない特殊な岩石だ。マグマの温度は 1600℃にもなり、玄武岩マグマの 1200℃を遥かに超えている。当時の地球内部は現在の地球よりかなり温度が高かったのだろう。

原始生命の痕跡

チャート層や枕状溶岩の外縁から発見されたバクテリアのような「化石」も初期生命の謎を紐解く上で注目されている❻。

また 33 億年前の火山岩からは、隕石衝突に由来すると考えられる地球外有機物が検出されるなど、ここは生命誕生の謎を解き明かす上で欠かせない場所となっている。

史上最大の隕石衝突

最近ある研究チームが緑色岩帯の割れ目の調査から 33 億年前に起きた地球史上最大の隕石衝突の痕跡が見つかった、と発表した。この時期は隕石が頻繁に落下した後期隕石重爆撃期の末期にあたる。

その割れ目からは、隕石に大量に含まれる元素イリジウムや、衝突の際の高熱で溶けた岩石が空中で冷え固まるときにできる球形の粒子スフェルールも見つかった❼。衝突天体の大きさは 50km 前後とされる。

このように、次々と発表される新たな発見に今後の調査が期待される。

❺コマチアイト溶岩。かんらん石が放射状に並び樹枝状に見える

❻枕状溶岩の外縁部から見つかったバクテリアのような「化石」。初期生命?として注目される

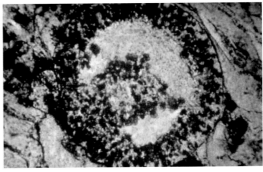

❼スフェルール。衝突による高温で溶けた岩石が空中で冷えて球体となる

❽太古代に特有の超苦鉄質火山岩コマチアイトを産するコマチ川

15 酸素の発生 太古代

（億年前） 45	40	35	30	▼ 25	20	15	10	5	0（現在）
先カンブリア時代								顕生代	
冥王代	太古代			原生代				古生代	中生代	新生代

Point!

☑ 38億年前に地球に生命が誕生して以来、生き物は酸素のない環境で暮らしてきた

☑ 27億年前になるとシアノバクテリアが登場。光合成を行ったため酸素を生成し縞状鉄鉱層を形成した

☑ 太古の昔シアノバクテリアが造ったストロマトライトが今でもシャーク湾で見られる

❶海底に横たわる黒っぽい塊がストロマトライト。極めて珍しい。
シャーク湾ハメリンプール

現生のストロマトライトが見られる場所

・シャーク湾 オーストラリア

078

酸素を作り始めた シアノバクテリア

原始の生き物

私たち地球上の生き物には酸素は欠かせない。大気の約21%は酸素で、この酸素を体内に取り込んで活動エネルギーを生み出している。

しかし生命が誕生した38億年前の海と大気には酸素は存在しなかった。太古の単細胞の生き物たちは酸素のない環境で暮らしていたのだ。

現在も嫌気性生物とよばれる酸素を必要としない生き物が存在する。深海底の熱水噴出口にいるメタン菌や身近な乳酸菌、破傷風菌などだ。

シアノバクテリアの登場

生命が誕生して10億年ほど経つと、地球環境に大きな変化が起き始める。シアノバクテリアとよばれる光合成をおこなう藍藻類が登場し、酸素が作られるようになった。およそ27億年前のことだ。

このバクテリアは地球環境を劇的に変え、大酸化事変を引き起こすことになる。

地球上に初めて酸素呼吸をする生物が登場。さらに大気中にオゾン層が作られ生物に有害な紫外線が減少したのだ。

縞状鉄鉱層の形成

海の中では海水に溶けていた2価の鉄が酸素と反応して水酸化鉄となり沈殿するようになった。その結果、海底で積み重なる鉄の層はしだいに厚みを増し、縞状の地層（縞状鉄鉱層）を形成した❷。

今私たちの暮らしに欠かせない鉄の大半は縞状鉄鉱層から採掘される。現代文明は太古のシアノバクテリアの活動によって支えられているともいえそうだ。

❷酸素発生の証拠とされる縞状鉄鉱層。縞状の地層の大半が鉄からなる。オーストラリアのカリジニ国立公園

現生のストロマトライトと シャーク湾

ストロマトライト

単細胞の小さなシアノバクテリアは化石としては残りにくいが、彼らが造った構造物ストロマトライトが「化石」として見られる❸。

このバクテリアは、昼間は光合成を行って酸素を生み出し、夜は構造物に溜まった泥を粘液で固定する❹。季節がある場合は夏活発に活動し冬は衰える。こうしたことを繰り返すと、バクテリアが活動する面は上へ上へと移動し、結果的に断面が縞模様をしたマッシュルームような構造物「ストロマトライト」が造られてゆく❸❹。その速度は年間0.4mm程度だとされる。

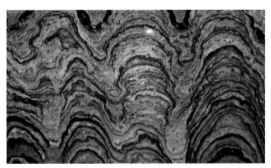

❸ストロマトライトの化石断面

 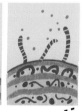

①藍藻は日中活動し、光合成により酸素を発生　②夜は光合成が停止し、粘液で堆積物を固定　③夜に固定された層の上で、再び光合成する

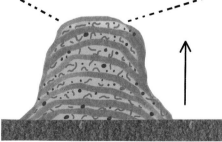

光合成と堆積物の固定を繰り返し、ストロマトライトは大きくなっていく

❹ストロマトライトのでき方

シャーク湾ハメリンプール

　27億年前ころに登場したストロマトライトが、いまでも造られている貴重な場所がある。オーストラリアのシャーク湾だ❺。

　この湾の奥にあるハメリンプールは乾燥した半砂漠地帯にあり、蒸発が盛んなうえに海水の出入りが少ないため、塩分濃度が通常の2倍近くになっている。そのため大半の生き物は生息できない反面、シアノバクテリアには捕食者がおらず好都合なのだ。そしてここは辺境の地にあるため開発が遅れ自然が保たれてきたことも大きく貢献している。

　こうした場所は世界に数カ所しか見あたらない。

見学路

　ストロマトライトは特別保護の対象のため海に入って直接触れることはできない。特設された板張りの遊歩道からの見学となるため干潮のときが観察に向いている❶❻。

　海底の白い砂の上で黒くゴロゴロ横たわる姿は異様な光景でもあるが、よく見ると酸素の泡が吹き出している。

シェルビーチ

　ハメリンプールの周りでは、真っ白な貝殻で埋め尽くされた美しい浜が延々と100kmも続いている（貝殻層の厚さは約8m）。

　貝はザルガイ科の*Fragum Erugatum*とよばれる1cmほどの二枚貝だ。6000年ほど前に大繁栄したものの、2000年前から海水の塩分濃度が上昇し始めたため死滅。白く美しい浜はかつて栄華を極めた小さな生き物の墓場でもある❼。

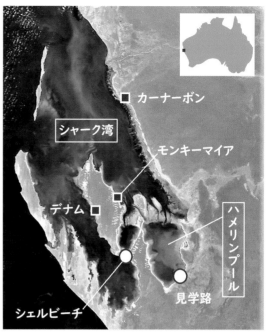

❺現生のストロマトライトが見られるシャーク湾とハメリンプール

❻干上がった現生のストロマトライト

❼浜の全てが白い貝殻からなるシェルビーチ

16 地球史の博物館といえる
グランドキャニオン
原生代・古生代

45	40	35	30	25	20	15	10	5	0（現在）

（億年前）

先カンブリア時代			顕生代
冥王代	太古代	原生代	古生代 / 中生代 / 新生代

Point!

- ☑ 地球上では何億年にもおよぶ地層が露出する場所は稀であるが、グランドキャニオンは15億年におよぶ地層が露出する類い希な場所である

- ☑ 地層にはたくさんの化石が含まれ地球の歴史を調べる絶好の場所であるため、グランドキャニオンは地球史の博物館とも称される

❶岩壁には18億年前（原生代中期）から2.7億年前（古生代末）までの地層が露出する

カナダ

太平洋

アメリカ

グランドキャニオン

大西洋

悠久の地球史を刻む世界最大級の峡谷

• グランドキャニオン　アメリカ

❷夕日で赤く染まるグランドキャニオン

地球と生物の歴史を刻む大岩壁

🌏 地球史の博物館

　地球の歴史は地層や岩石からさまざまな情報を読み取り、世界中の膨大な情報をつなぎ合わせることで編み出される。

　当然1カ所の地層岩石から得られる情報は限られている。そもそもその時代の地層が形成されていなかったり、侵食による消失や植物の被覆などで情報は断片化していることが多い。日本のように変動が激しく雨の多い場所ではなおさらだ。

　ところがほぼ連続した地層が露出する世界でも稀な場所がある。アメリカのグランドキャニオン国立公園だ❶❷。

　全長450km、深さ1500m、幅16km。世界最大級の峡谷には18億年前の岩石から2億7000万年前の地層まで一部に間隙を挟んでほぼ連続的に露出し、地球の歴史の1/3をここグランドキャニオンで垣間見ることができる❸❹。出土する化石の種類も多い。

　峡谷の岩壁はいわば地質年表のようなものであり、グランドキャニオンは「地球史の博物館」とも称される所以だ。

❸下にいくほど古くなるグランドキャニオンの地層。図❻も参照

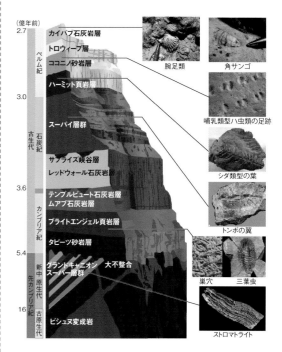

❹グランドキャニオンの地層と化石

悠久の大地を刻むコロラド川

この大峡谷を造りだしたのはロッキー山脈からカリフォルニア湾へと流れ下るコロラド川だ❺。

これまでグランドキャニオンは7000万年前ころに陸化し、600万年前ころからコロラド川の侵食が始まったとされてきた。しかし最近の研究では、すでに7000万年前ころから川の侵食が始まっていたという。雄大な峡谷は気の遠くなる時間をかけて刻まれたのだ。

❺コロラド川の侵食作用でできた深い峡谷

❻スケルトンポイント付近から見たコロラド川

多様な化石を産する グランドキャニオン

グランドキャニオンの大岩壁は、峡谷の形成プロセスや太古の気候・環境の変化、生物の進化など、地質学的研究の絶好の場となり、重要な発見も相次いでなされてきた。

たとえばブライトエンジェル・トレイル❼の道端にはハ虫類の足跡化石の転石がある❽。スーパイ層群❹の砂岩に刻まれたこの足跡は、3億年前に砂丘を這い上がった小型ハ虫類の痕跡とされる貴重なものだ。

また同じころに空中を滑空していた巨大トンボの翼（長さ20cm）の印象化石も見つかっている❹。

最も古い化石は12億前のストロマトライト（前節参照）だ❹。古生代の地層からは三葉虫や腕足類、海ユリ、サンゴ、シダ植物などが発見されている❹。また巣穴や足跡などの生痕化石も多く、当時の生き物の生活の一端を垣間見ることができる。

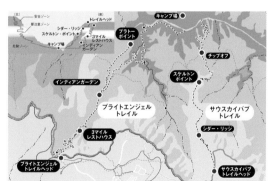

❼峡谷のトレッキング・トレイル。コロラド川までの往復には2日必要

❽世界最古とされるハ虫類の足跡。トレッキングコース沿いの転石

18億年の歴史を遡る
峡谷トレッキング

公園内にはコロラド川まで下るトレイルが2本ある**7**。2億7000万年前のカイバブ石灰岩から始まって18億年前の変成岩まで下るにつれ古くなる**4**。渓谷トレッキングは地球の歴史を遡る旅でもあり古生層の部分では10m下るごとにおよそ260万年古くなる。

地層の識別

図**4**にある地層を見分ける手掛かりは地形だ。急崖は固く崩れにくい石灰岩や砂岩、緩斜面は脆くて崩れやすい頁岩からなる**9**。また地層の色も識別の手助け

となる。含まれる石英や酸化鉄などの量によって白、褐色、赤色など特色のある色をなす**4**。

峡谷トレッキング

ブライトエンジェル・トレイルは標高差1347m、全長13km**7**。3マイルレストハウスでスーパイ層群、インディアンガーデンでブライトエンジェル頁岩。プラトーポイントのタピーツ砂岩層を下るとビシュヌ変成岩になる**4**。

サウスカイバブ・トレイルは標高差1481m、全長10km**7**。シダー・リッジでハーミット頁岩**10**、スケルトンポイントでレッドウォール石灰岩。チップオフのダピーツ砂岩を過ぎると変成岩となる**4 11**。

砂岩
頁岩
砂岩・泥岩
石灰岩
頁岩
石灰岩
頁岩

9ブライトエンジェル・トレイルからの景色。下りるにつれ岩壁を見上げるようになる。石灰岩や砂岩は急崖、泥岩や砂岩・泥岩は緩斜面を造る

ココニノ砂岩
ハーミット頁岩

10トレイル脇の地層の境界。色の違いが顕著

11プラトーポイント付近から見たコロラド川。川の両岸にはビシュヌ変成岩が露出する

084

17 太古の大山脈と山麓堆積物 原生代

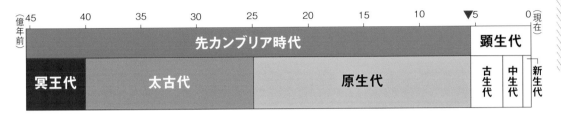

（億年前）	45	40	35	30	25	20	15	10	▼5	0（現在）

先カンブリア時代 ｜ 顕生代

冥王代 ｜ 太古代 ｜ 原生代 ｜ 古生代 ｜ 中生代 ｜ 新生代

❶ほぼ垂直に傾いた砂礫層からなるウルル。光の当たり具合によって表情を変える

Point!

☑ 巨大な1枚岩ウルルは5億5000万年前に形成された扇状地堆積物からなり、近くに太古の大山脈が聳えていたことを物語る

☑ 地層はほぼ垂直に傾き、地下には残りの95%が埋もれていると推定される

☑ 地層は非常に固いアルコース質の砂岩、礫岩からなる

パース

シドニー

ウルル

地球のヘソ／先住民アボリジニの聖地

● ウルル（エアーズロック） オーストラリア

消えた太古の大山脈と扇状地堆積物

 地球のヘソ

オーストラリアの広大な砂漠の中にポツンと突き出た2つの大きな岩山、ウルル（エアーズロック）とカタジュタ❷。

ウルルは「地球のヘソ」とも称される巨大な1枚岩だ❶。ここは1万年前に住みついた先住民アボリジニによって聖地として崇められ、開発を免れてきた。

現在はオーストラリア政府がアボリジニのアナング族から一帯の土地を借り受け、国立公園として管理している。

消えた大山脈とウルル

ウルルは大量の石英と長石、小さな岩片を含むアルコース質の砂岩・礫岩からなる。その成分は花崗岩に似ており、堆積物のさまざまな特徴からウルルの砂岩・礫岩はもとは扇状地堆積物だったと推定されている。つまり現在のウルルは太古の昔、山の麓にあり、背後には大山脈（ピーターマン山脈）が聳えていたというのだ❸。

いまウルルの周囲には平らな砂漠が広がり、大山脈は見あたらず、その痕跡すらほとんど残っていない。長い年月をかけて侵食され姿を消してしまったのだ。ウルルはかつて存在した大山脈の生き証人でもある。

スピリチュアルな一枚岩 ～ウルル

地下に埋もれる巨大な岩体

ウルルは高さ348m、周囲9400mの巨大な1枚岩だ。地層はほぼ垂直に傾き、厚さは2400mにもなる。地表に出ている部分は岩体全体の5％、残り95％は地下に埋もれていると推定されている。

❷ウルル（手前）とカタジュタ（奥）。太古の昔、背後には大山脈がそびえていた

ウルルとカタジュタの由来

ウルルとカタジュタはどのようにしてできたのか、その由来は次のように考えられている❸。

① 5億5000万年前：山脈の麓でのちにウルルやカタジュタとなる扇状地が形成される。

② 5億年前：海が侵入し砂泥層が堆積。扇状地堆積物は固い砂岩や礫岩層に変わる。

③ 4億年前：造山運動が起きて海が後退、ウルルの地層は大きく曲げられる。

④ 3億年前〜現在：侵食と乾燥化が進み、砂丘が発達して現在の姿となる。

ウルルとカタジュタは今後も姿を変えていくはずだ❹。

①5億5000万年前
山脈の麓で扇状地を形成

②5億年前
海に覆われ砂泥層が堆積

③4億年前
海退後、圧縮の力が働き、地層が傾いたり、褶曲する

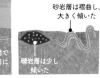

④3億年前〜現在　砂泥層の侵食・消失と扇状地堆積物（礫岩・砂岩）の露出

❸ウルルとカタジュタのでき方。5億5000万年の歳月を経て現在の形になった

❹ウルルは非常に固い砂岩層からなるが、崩落・侵食が進んでいる

日の出／日没観賞

ウルルの砂岩は表面が酸化して赤みを帯びている。ここに朝日や夕日が当たると神秘的な輝きを見せるため、日の出・日没観賞がウルル観光のハイライトとなっている❺。

❺日没時に大きく表情を変えるウルル（上段19:10、下段19:30。2月初旬）

18 単細胞生物から大型多細胞生物への転換
原生代

先カンブリア時代	顕生代		
冥王代	太古代	原生代	古生代 中生代 新生代

(億年前) 45 40 35 30 25 20 15 10 ▼5 0(現在)

❶5億7000万年前のエディアカラの楽園の生き物たち。植物のように見えるが動物

Point!

☑ 地球全体が凍る全球凍結が終わった原生代の末期に、生物は単細胞生物から大型の多細胞生物へと急速に進化した

☑ カナダ東部・ニューファンドランド島のミステイクン・ポイントはエディアカラ動物群とよばれる化石が鮮明な状態で残されており、当時の生態系を理解する上で欠かせない場所

太古の生態系のタイムカプセル

・ミステイクン・ポイント カナダ

エディアカラ動物群の登場と生命の楽園

全球凍結と進化の飛躍

　全球凍結とは文字通り地球全体が厚く凍り付くこと。生物にとって苛酷な全球凍結は、先カンブリア時代に少なくとも 3回起きたことがわかっている。最後の全球凍結が終わったのは約 6億年前のことだ。ところが、その 3000万年後には絶滅の危機を生き延びた生き物たちは驚くべき飛躍を遂げることになる。

エディアカラ動物群の登場

　それは体長数 cm から 2m におよぶ大型生物の出現だった。

　38億年前に地球最初の生命が誕生して以来、生き物は目には見ないほど小さな単細胞でしかなかった。

　オーストラリア南部のエディアカラ丘陵で最初に発見されたこの大型化石はエディアカラ動物（生物）群とよばれ、その後、世界各地で次々と発見されるようになった❷❸。

　大型の多細胞生物の体を支えているのは細胞どうしを結合させる繊維状のコラーゲンだ。そのコラーゲンを造るためには大量の酸素を必要とするが、実際に全球凍結が終わると急激に酸素濃度が増加している。全球凍結という生命にとっての危機は、結果的に生き物の進化を加速させる原動力ともなったといえそうだ。

生命の楽園エディアカラの園

　270種におよぶとされるエディアカラ動物群は固い骨や殻をもたない軟体性の動物だ。体長は数 cm から 2m、大半は薄く扁平な形をしており、一見すると植物を思わせるものも多い。現在の動物とはかけ離れた謎の多い生き物たちだ。

　外敵に対して無防備な軟体性の生物が大繁栄を遂げられた理由は、当時の海の中に彼らの捕食者がおらず、身を守る必要がなかったからと思われる。生き物にとっては生存競争の少ない平和な時代だったのだ。

　しかしこうした生き物たちも古生代が始まるころになると突如姿を消してしまう。なぜそうなったのか、理由はまだよくわかっていない。

❷ディッキンソニア。身体の構造が鮮明に残る

❸フラクトフスス。有性生殖をした最古の生物

PS.

全球凍結（スノーボールアース）とは

　地球全体が凍り付いた状態。地球史上最も厳しい環境変動とされる。22億年前、7億年前、6億年前の少なくとも 3回起きたとされる。生命はその都度、火山周辺の地熱地帯や深海底の熱水孔などで生き延び、全球凍結が終わるといずれも飛躍的な進化を遂げている。エディアカラ動物群の登場は、全球凍結と深く関わっており興味深い。

貴重な化石が眠る ミステイクン・ポイント

優れた保存状態の印象化石

化石の宝庫ミステイクン・ポイントは、カナダ東端の島ニューファンドランド島の南東端にある❹。この奇妙な地名はかつて船乗りたちが別の岬とよく間違えたことに由来するという。

大西洋の荒波が削った海食崖には極めて保存状態の良い化石が多数露出する❹❺。

およそ5億7000万年前、ここは深い海の底だったという。

その深海底で暮らしていた生き物たちの上にあるとき、大量の細かい火山灰が降り積もり一瞬のうちに封印されてしまったのだ❺。それ故、ここはイタリアのポンペイ遺跡に因んで「エディアカラのポンペイ」とも称される。

その後、体の軟らかい部分は分解され消失したものの、泥や火山灰の表面にはその姿形が印章のように鮮明に刻印され、長い間良好な状態で保存されてきた。

多様な生き物と豊かな生態系

海岸沿いの露頭では、地層の表面に多種多様な化石が元の姿と位置を留めたまま露出する。そのため当時の生態系の構成や単細胞生物からより複雑な無脊椎動物へ複雑化する進化の過程を探る上でも貴重な場となっている。

前述のように大半の化石は植物のようにも見えるが、最古の多細胞動物とされる❶。光の届かない深海底では植物は光合成ができず育たないからだ。

ジョンソン・ジオセンター

ミステイクン・ポイントで化石を観察するためには、事前の予約が必要だ。しかも沖合で暖流と寒流がぶつかるため霧が発生しやすく、見学が中止になることも多い。

そこで州都セントジョンズにあるジョンソン・ジオセンターの地層剥ぎ取りパネルを見ると実際の様子が観察できる。

❹頁岩層の表面に浮き出た化石(中央下)。ミステイクン・ポイント。褐色の部分が頁岩層、黒っぽい部分が火山灰の薄層

右に拡大写真

頁岩

火山灰

❺ミステイクン・ポイントの化石を含む地層展示。ジョンソン・ジオセンター

第5章
古生代

19 進化のビッグバン
カンブリア紀

5.4	5		4		3	2.5	2		1	0.66	0.23	0（現在）

（億年前）

古生代						中生代			新生代		
カンブリア紀	オルドビス紀	シルル紀	デボン紀	石炭紀	ペルム紀	三畳紀	ジュラ紀	白亜紀	古第三紀	新第三紀	第四紀

❶一気に多様性を増したカンブリア紀の海。ピカイアは私たち脊椎動物の祖先だ

Point!

☑ 長かった先カンブリア時代が終わると生き物たちは「カンブリア爆発」とよばれる爆発的進化を遂げ、現在の生き物の祖先がほぼ出揃った

☑ 爆発的進化の背景には生存競争の始まりと固い殻や眼の発達があり、これらが生き物の進化を促したと考えられる

奇想天外な生き物たちが眠る

- カナディアン・ロッキー カナダ
- 澄江 中国
- レナ川石柱自然公園 中国

生物の急激な進化～カンブリア爆発

動物の基本デザインの完成

40億年にわたる長い先カンブリア時代が終わり、古生代カンブリア紀が始まると生き物たちの世界は一変する。

5億4000万年前からのおよそ1千万年の間に爆発的な進化が起き、突如として硬い骨格をもつ多種多様な生き物が出現❶❷。食う食われるの生存競争が始まった。ひと昔前の平和なエディアカラの楽園は終わりを告げる。

しかも私たち脊椎動物の祖先を始め現在の多様な動物の祖先がほぼ出揃い、今となっては見られない奇想天外なデザインの動物まで現れた❶❸。

こうしたことから、この生き物たちの大進化は「カンブリア爆発（ビッグバン）」とよばれ注目されている。

カギとなる固い殻と眼の発達

では爆発的進化はなぜこの時期に起きたのだろう。そこにはこの直前に出現した骨格をもつ微小動物の存在がある。固い骨格は防御力の向上とともに筋肉の発達を促し運動能力を向上させる。

そして外界を正確に認識し活発に動き回るための眼と脳の発達があった❹。この眼の発達こそが飛躍的進化をもたらしたとする考え方（光スイッチ説）が注目される。固い骨格と眼の発達が食う食われるの生存競争を激化させ、少しでも体を有利に造り変えようとする淘汰圧が動物の多様化を促したと考えられる。

奇想天外な姿をしたバージェス動物群

偶然の大発見

1909年、アメリカの古生物学者ウォルコットが三葉虫化石の調査の帰路に偶然発見した動物化石群。厚さ2mの頁岩層にはアノマロカリスを始めとする多種多様な化石が含まれ、美しいカナディアン・ロッキーの山奥で眠るバージェス動物群は世界の注目を浴びるようになった❹。

❷カンブリア爆発で一気に多様性を増した動物相

❸5つの眼と細長い吻をもつ奇妙な姿オパビニア

❹三葉虫の眼（複眼）

奇妙な姿をした生き物たち

ウォルコットの発見をきっかけに頁岩層からは170種におよぶ化石が見つかり、その奇妙な姿が研究者を驚かせた。

その1つがエビのような小さな化石アノマロカリスだ❶。「奇妙なエビ」を意味する名前からもその戸惑いぶりが読み取れる。のちにこの化石は節足動物の前部付属肢であることが判明。体長最大2m、泳ぎながら獲物を捕食したカンブリア紀最強のハンターとされ、今ではすっかり人気者になっている。

ハルキゲニアも奇妙な生き物として知られる❶❻。細長い棒状の胴体から突き出たトゲのような足と紐のような触手をもっていた。

そして5つの眼をもつ奇妙なオパビニア❶❸。口の

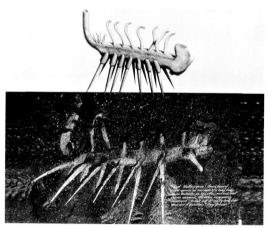

❻奇妙なハルキゲニア。上段が復元図。この図では上下左右が逆に復元されている

辺りからゾウの鼻のような細長い吻が伸び、先端のハサミで獲物を捕まえて口に運んでいたらしい。

海底地滑りで埋まった化石

こうした生き物たちは浅い海で暮らしていた。ところがあるとき海底地滑りが発生。生き物たちは逃げる間もなく泥に埋まってしまい、良好な状態で長く保存されることになったのだ。

バージェス動物群の発見後、中国、オーストラリア、グリーンランドなどでも同じような化石が発見された。

立体構造を留める 澄江動物群

澄江(チェンジャン)の化石はカナダより1500万年ほど古く、立体的な姿を留める化石もあるなど保存状態も良好。200種近い多種多様な化石を産出し、何の変哲もない片田舎(かた いなか)は2014年に世界遺産となった❼。

ハルキゲニアの真の姿

澄江のハルキゲニアにはバージェス頁岩で1列と見なされた背中の触手が2列残っていた。つまり背中の触手は実は足で、❻の復元図は上下逆だったのだ。その後、前後も逆であることが判明した。

❺バージェス動物群が眠るウォルコットの石切場。ここからの眺望は素晴らしく見学は予約制

❼長閑な澄江の帽天山とリン鉱石。1986年以降、帽天山を中心に重要な化石の発見が相次いでいる

最古の魚類の出現

　澄江での最大の発見は、地球最古の魚類・昆明魚（ミロクンミンギア）だった❽。

　体長わずか 2〜 3cm の小さな生き物だが、現在の地球で最も繁栄している脊椎動物の登場を意味する。まぎれもなく私たち人類の祖先だ❾。

リン鉱床と進化

　化石を産する地層のすぐ下にはリン鉱床があり、地元で肥料などに利用されている❼。

　この関係に注目した研究者たちは、このリンこそがカンブリア爆発に重要な役割を果たした、という仮説を唱えている。私たちの骨格の形成にはリンが欠かせないからだ。

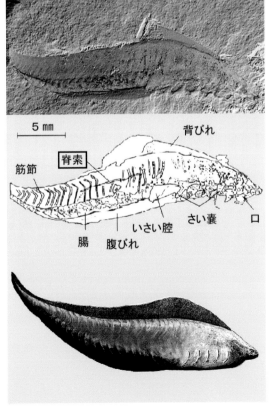

❽昆明魚（ミロクンミンギア）の化石と復元図

最古の三葉虫の宝庫
レナ川石柱群公園

🌏 石柱群と最古の三葉虫

シベリアの大河レナ川の上流に世界遺産に登録された見事な石柱群がある❿。

石柱群はカンブリア紀の石灰岩や粘板岩などからなる。この石柱群は風雨による侵食ではなく、夏と冬の100℃にもおよぶ気温差による凍結と融解の繰り返しが造りだしたものだ。

この地層にはたくさんの化石が含まれる。特に注目されるのは、三葉虫の祖先と考えられるフィトフィラスピス⓫と最古最初期の三葉虫デルガデラの化石だ。

⓫三葉虫の祖先フィトフィラスピス

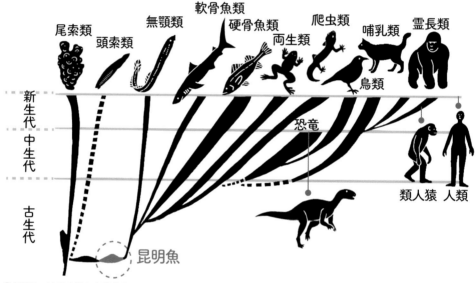
❾昆明魚が多種多様な脊椎動物の祖先であることを示す進化・系統樹

❿レナ川の石柱群。カンブリア紀の地層からなり、高さ150m〜300mの石柱が40kmほど続く

20 生き物の多様化— 大量絶滅1 オルドビス紀

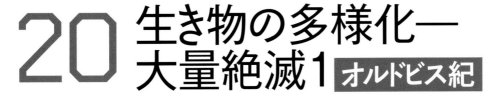

5.4	5		4		3	2.5	2		1	0.66	0.23	0 (現在)

（億年前）

古生代						中生代			新生代	

カンブリア紀	オルドビス紀	シルル紀	デボン紀	石炭紀	ペルム紀	三畳紀	ジュラ紀	白亜紀	古第三紀	新第三紀	第四紀

❶オルドビス紀最強の捕食者オウムガイ。最大10mにもなる

Point!

☑ カンブリア紀に続くオルドビス紀には生き物の爆発的な多様化が起きた

☑ 原因は大陸が温暖な赤道付近に集まり、栄養塩に富む浅瀬が広がったことが考えられる

☑ しかしオルドビス紀末には絶滅イベント・ビッグファイブの1回目の大量絶滅が起きた

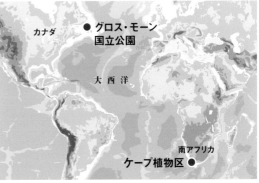

カナダ　●グロス・モーン国立公園

大 西 洋

南アフリカ
ケープ植物区●

オルドビス紀の地層が露出する景勝地

• グロス・モーン国立公園　カナダ

• ケープ植物区　南アフリカ

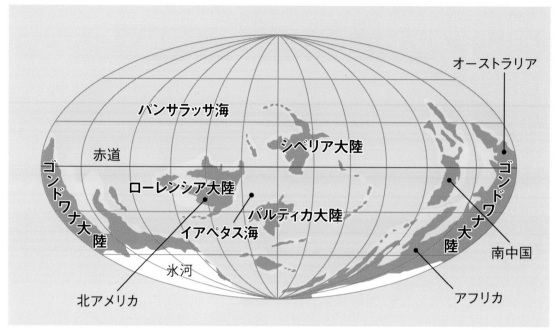

❷オルドビス紀の大陸配置。大陸は赤道付近から南半球に集まり暖かく浅い海が広がっていた

生物多様化と絶滅が起きたオルドビス紀

急激な生物の多様化

爆発的な進化が起きたカンブリア紀に続くオルドビス紀は、生物の急激な多様化が進んだ時期として知られる。

特にオウムガイ（直角貝）などの軟体動物、三葉虫などの節足動物、筆石❸などの半索動物、そしてサンゴ類などが栄養豊富な海で大繁栄した❶。オルドビス紀最強の捕食者オウムガイは最大10mにも達した。

多様化の要因は、分裂・離散していた大陸の多くが赤道付近に集まり始め、温暖で浅い海が広がったことにあるのではと考えられている❷。

そしてそこに活発な火山活動や造山運動が加わって海に流れ込む栄養塩が増加し、造礁サンゴなどが増えて環境が多様化したこと、などもあげられる。

ビッグファイブと最初の大量絶滅

しかし、生命に満ちた生き物たちの世界もオルドビス紀末になると一変する。「ビッグファイブ」とよばれる5回の大量絶滅事変の最初のイベントが起きたのだ

❹。オルドビス紀末には、三葉虫やサンゴ、筆石などが壊滅的なダメージを受け、海洋生物種の85％が絶滅したという。

なぜ大量絶滅が起きたのか

その主な原因は、2段階で起きた地球の寒冷化と温暖化だったとされる。

まず地球の寒冷化。寒冷化が進むと、大陸には氷河が発達し海水面が低下する。すると大陸棚の浅瀬は干上がり、ここを住処(すみか)としていた多くの生き物が打撃を受けることになる。

そして逆に急激な地球の温暖化。温暖化が起きると、大規模な無酸素水塊が発生し、寒冷化の打撃から復活しつつあった生き物たちに追い打ちをかける。

このような水塊は現在でも時々発生する。海や湖が富栄養状態になり大量のプランクトンが発生すると、

❸オルドビス紀の筆石Rhabdinoporaと復元図

❹カンブリア紀とオルドビス紀の境界を示す国際標準模式露頭。グロス・モーン

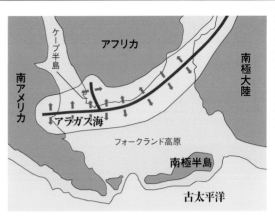

❼分裂し始めたゴンドワナ大陸の大地溝帯

[第2部] 地球の歴史

chapter5 古生代

生き物の呼吸器を詰まらせたり、プランクトン自身の呼吸によって大量の酸素が消費され無酸素水塊が発生すると考えられている。

オルドビス紀の始まり〜グロス・モーン

国際標準模式露頭

p.30の「5. プレートテクトニクス理論の発展」でも取り上げたグロス・モーン国立公園。ここにはカンブリア紀とオルドビス紀の境界を示す国際標準模式露頭がある❹。

地質時代名の紀と紀の境界を示す地層の模式地として認定された場所は、世界に12カ所しかない。ここはその内の1つで貴重な場所だ。

地層は東に70度ほど傾き、上下が逆転しているが、地層は不整合を挟むことなく連続して堆積している❹。

ここではオルドビス紀は、特定のコノドント❺と筆石❸が出現する層から始まる。この場所の地層は深海で堆積したと考えられるため化石は少ないが、さらに

❻オルドビス紀のケイ質砂岩からなるケープタウンのテーブルマウンテン。左奥のケープ半島へ続く

西に回り込むと広く連続して露出オルドビス紀の地層が観察できる。固有種の宝庫でユニークな植物区としてその価値が評価され、世界遺産に登録されているケープ半島（p.64）。この半島には花崗岩の上に非常に固いオルドビス紀のケイ質砂岩が堆積する（厚さ1500m）❻。この砂岩はケープタウンの街のシンボル・テーブルマウンテンへとつながっている。

大地溝帯に堆積した地層

オルドビス紀にはゴンドワナ大陸南部で大陸分裂が始まり、現在の東アフリカ地溝帯のような大地溝帯が形成されつつあった❼。そこに海が侵入し、周囲から運び込まれた土砂が固まった地層がケープ半島を造るケイ質砂岩だと考えられている。

❺オルドビス紀のコノドントIapetognathus fluctivagus

21 植物の上陸と古大西洋の消滅 シルル紀

(億年前) 5.4	5	4	3	2.5	2	1	0.66	0.23	0 (現在)
古生代						中生代		新生代	
カンブリア紀	オルドビス紀	シルル紀	デボン紀	石炭紀	ペルム紀	三畳紀	ジュラ紀	白亜紀	古第三紀 / 新第三紀 / 第四紀

Point!

- ☑ シルル紀には大陸衝突によってイアペタス海が消滅し、植物が本格的に上陸を始めた
- ☑ 三葉虫や筆石などの化石の分布が大陸衝突とイアペタス海の消滅を裏付ける
- ☑ シルル紀の海の支配者は体長2mを超えるウミサソリだった

❶シルル紀の想像図。ウミサソリが君臨し、植物が上陸し始めた

カナダ

グロス・モーン
（ニューファンドランド島）

大西洋

── カレドニア造山運動が起きた景勝地 ──

● グロス・モーン国立公園　カナダ

❷植物が上陸したシルル紀ころの地球の光景を彷彿させるテーブルランド。有害物質を含む土地の水辺にようやく植物が進出し始めた。グロス・モーン国立公園

画期的な進化〜海から陸への進出

生命史の9割は海の中

地球に生命が誕生したのは 38億年前。それ以来 30数億年、生命の歴史の 9割もの間、生き物たちは海の中で暮らしてきた。太古の陸は今の火星と同じように無機質で荒涼とした世界だった❷。

最古の陸上植物クックソニア

シルル紀になるとその地球環境に変化が起き始める。大気中の酸素の増加によって生き物に有害な紫外線を防ぐオゾン層が増加し、植物が海から陸へと上陸し始めたのだ❶。

すでにオルドビス紀の地層に陸上植物の一部と思われる化石が見つかっているが、今のところスコットランドのシルル紀層から発見されたクックソニアが最古の陸上植物とされている❶❸。

海から陸への生物の進出は、生命に満ち溢れた地球の礎をきずく画期的な第 1歩だった。

生物の上陸を促した大陸衝突

ではなぜシルル紀になって植物は上陸し始めたのだろう。

それには 2つの小大陸バルティカとローレンシアの衝突が関係しているとされる❹。この衝突ではカレドニア山脈を形成し、かつて両大陸の間にあって多くの生き物を育んだ古大西洋（イアペタス海）を消滅させた❹（現在、そのカレドニア山脈はアパラチア山脈と

スカンジナビア山脈に分かれている）。

カレドニア山脈の出現は、現在のアンデス山脈とアマゾンの関係のように、山脈が雲を遮って多量の雨をもたらし淡水域を拡大させた。こうした地球環境の変化が生き物の上陸を促したと考えられる。

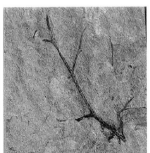

❸スコットランドで発見された最初の陸上生物クックソニア。高さ約10cm

❹大陸衝突とイアペタス海（古大西洋）の消滅。環境の大きな変化が植物の上陸を促したと考えられる

オルドビス期
シベリア
ローレンシア
イアペタス海
太平洋型三葉虫
大西洋型三葉虫
バルティカ
アバロニア

シルル紀末期
シベリア
ユーラメリカ
グロス・モーン国立公園
カレドニア山脈

化石が語る大陸衝突と古大西洋の消滅

2人の科学者の発見

バージェス動物群の化石（p.93）を発見した古生物学者ウォルコットは、三葉虫の化石が太平洋型と大西洋型の2つの異なるタイプに分かれることを発見した❺❻。

この発見を受け、大陸の分裂・合体のサイクルやプレートテクトニクス理論を提唱したウイルソンは、カナダ東部である線を境にそのタイプが異なることに注目した。同じような境界線は北欧でも見られ、カナダの境界線とつながるとした❼。

このことから、この境界線こそがバルティカとローレンシアの2つの大陸が衝突合体した縫合帯であり、かつて両大陸の間にイアペタス海が存在した証拠に他ならないとした❽。

2つの異なるタイプの三葉虫はイアペタス海を挟んで別々の大陸の沿海で暮らしていたのだ❽。小さな生き物にすぎない三葉虫が大陸衝突という壮大な物語を紡ぎ出す点が興味深い。

❺三葉虫のタイプ（左：大西洋型／右：太平洋型）

- ● 太平洋型三葉虫
- ○ 大西洋型三葉虫
- ☜ 太平洋型筆石
- ☜ 大西洋型筆石
- ━ イアペタス縫合帯

旧ローレンス大陸

グリーンランド

クックソニア化石産地

カナダ

グロス・モーン

イギリス

ヨーロッパ

旧バルティカ大陸

❼大陸衝突の境界イアペタス縫合帯。衝突境界の両側で三葉虫と筆石のタイプが異なる

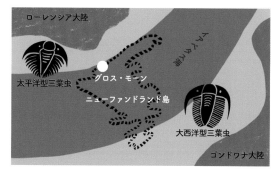

ローレンシア大陸

太平洋型三葉虫

グロス・モーン

ニューファンドランド島

大西洋型三葉虫

ゴンドワナ大陸

❽イアペタス海を挟んで三葉虫のタイプが異なる

❻太平洋型三葉虫化石が発見されボン湾とグロス・モーン山

PS.

シルル紀最強のハンター〜ウミサソリ

シルル紀の海の支配者は大型のウミサソリだった。体長最大2m、地球に出現した節足動物の中では最大とされる。名前はサソリだが、陸に住むサソリとの関係は、実はまだよくわかっていない。

カンブリア紀に誕生した私たちの祖先・脊椎動物はまだ数10cmほどの大きさでしかなく、彼らに捕食される側にいた。

22 動物の上陸 大量絶滅2 [デボン紀]

5.4	5		4		3	2.5	2		1	0.66	0.23	0 (現在)
(億年前)	古生代						中生代			新生代		
カンブリア紀	オルドビス紀	シルル紀	デボン紀	石炭紀	ペルム紀	三畳紀	ジュラ紀	白亜紀	古第三紀	新第三紀	第四紀	

❶デボン紀の想像図。シダ植物の森が誕生し魚類の一部が上陸し始めた

Point!

- ☑ デボン紀は魚類が繁栄した時代。その中から陸へと上陸し始める物が現れ、やがて両生類が誕生。私たち四肢動物へとつながる画期的な進化が起きた。ユーステノプテロンなどの肉鰭類がそのカギを握る
- ☑ 水辺にはシダ植物の森が誕生した
- ☑ デボン紀末には海生生物の75%が絶滅した

保存状態抜群の魚類化石の宝車

● ミグアシャ国立公園 [カナダ]

カナダ

ミグアシャ
国立公園 ●

太平洋

大西洋

魚類の時代から両生類の時代へ

魚類の時代

中魚類はカンブリア紀に最初の脊椎動物として登場したものの体長はわずか数cmにすぎなかった(p.95)。その後も他の捕食者に怯えながら暮らす小さな存在でしかなかった。

ところがデボン紀に入るといっき に種類が増え大型化する❶❷。中には体長10mに達するものも出現。デボン紀は魚類の時代となった。

淡水の湿地帯と森の誕生

一方でシルル紀に本格的に上陸を始めた植物はしだいに複雑・大型化した。高さ20mにもなるシダ植物が出現し森を形成するまでになった❶。しかし鳥や昆虫が飛び交う現在の賑やかな森とは違って、ムカデやクモなどが地面を這いずり回るだけの静かな森だった。

その森の誕生にはシルル紀末に形成されたカレドニア山脈(p.101)が関わっている。海から流れ込む湿った空気は山脈にぶつかると大量の雨を降らせ湿地を形成する。そこにシダ植物が進出し勢力を拡大していったと考えられる❸。

❸3億8000万年前のミグアシャ。赤道付近の河口にあり、様々な魚類が暮らしていた

動物(魚類)の上陸

湿地に森ができると今度は新たに動物が進出し始める。水中と陸の両方の環境に適応できる能力を備えた昆虫や両生類などだ。

この時期には一部の地域で乾燥化が進み、湖や池に取り残された魚類の中から陸上の環境に適応するものが現れたと考えられる。

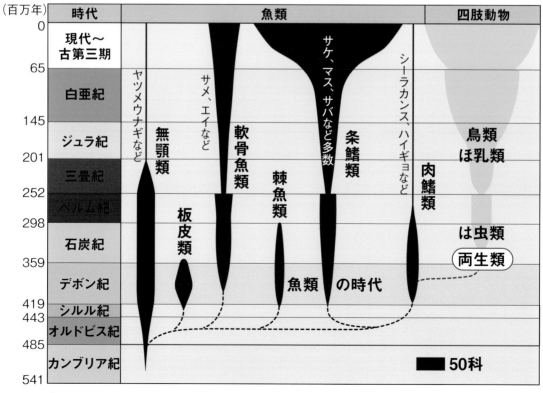

❷魚類の進化。オルドビス紀に魚類の全ての種類が出揃った

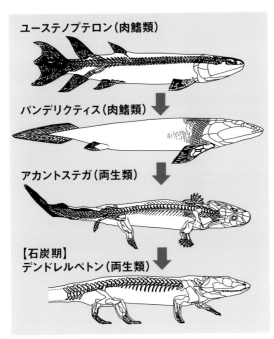

❹魚類から両生類への進化の過程

ユーステノプテロン（肉鰭類）

パンデリクティス（肉鰭類）

アカントステガ（両生類）

【石炭期】
デンドレルペトン（両生類）

❺インド洋の深海底で見つかった生きている化石シーラカンス

❻デボン紀の魚類を豊富に産むミグアシャ国立公園。波静かな海辺にある。脊椎動物の海から陸への進出はここから始まった

特にユーステノプテロンなどの肉鰭類には可動性の高い骨と筋肉からなるヒレが備わっていたため、彼らの胸ビレと腹ビレが陸上を移動する際の前肢、後肢へと進化していった❹。

インド洋などで時々見つかる生きている化石シーラカンスにも大きな骨と関節をもつヒレがあり、水中から陸上への進化の過程が垣間見える❺。

しかし海から川や湖へ、そして陸への適応はそう簡単なことではない。体内の塩分濃度を調整する腎臓や酸素を取り入れる肺の発達などがあって初めて可能となるからだ。

第2の大量絶滅

デボン紀末には大量絶滅「ビッグファイブ」の内の2番目の大量絶滅が2段階にわたって起きた。

特に赤道付近の浅海域で顕著で、魚類の板皮類や無顎類❷を含め、海生生物の75％が絶滅したとされる。

原因は大規模火山活動か

絶滅の原因はまだよくわかっていないが、急激な寒冷化に続く温暖化、海の酸素濃度の低下（海洋無酸素事変）などが考えられている。

最近の研究では、シベリアと東ヨーロッパで起きた大規模な火山活動が主な原因とする説が登場。この巨大噴火で放出された大量の火山灰と火山ガスが急激な気温の変化をもたらし、植物の光合成の停止と酸素濃度の低下を引き起こしたという。

魚類化石の宝庫 ミグアシャ国立公園

水中から陸へ、最初の一歩

カナダ東部ケベック州にあるミグアシャ国立公園❻。ここのデボン紀の地層からたくさんの魚類化石が発掘され、その中には魚類から両生類へ進化する移行期の化石が含まれている。

現在、地球上では私たち人類を始め多種多様な動物が陸上生活を営んでいるが、その最初の1歩はここミグアシャから始まったのだ。

当時のミグアシャはどんな環境だったのか、その様子は残された地層から読み取ることができる❽。

❽ミグアシャの「プリンセス」と称されるユーステノプテロン・フォールディ。約90cm

森に囲まれた河口

　3億8000万午前、当時のミグアシャはユーラメリカ大陸に聳えるカレドニア山脈から流れ下る大河の河口付近にあったと考えられている❸。緯度は赤道付近、シダ植物の森に囲まれ、たくさんの生き物たちが暮らしていた。

　そのシダ植物の中でも、特に世界最古の樹木とされ、高さ20mにもなるアーケオプテリスが注目される❼。

類い希な場所～ミグアシャ

　魚類は大きく6つ（綱）に分類されているが❷、ミグアシャではほぼ全ての魚類が出土し、血管や神経の痕跡も認められるなど保存状態も極めて良好。ミグアシャは世界でも類い希な魚類化石の宝庫として知られる。

肉鰭類ユーステノプテロンとエルピストステゲ

　この2つの化石は魚類の上陸の過程を知る上で特に重要とされる❽❿。

❼最古の樹木アーケオプテリスの化石と復元図。樹高約20m

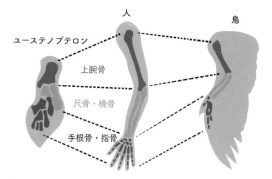

❾脊椎動物の前肢骨格の関係（相同器官）

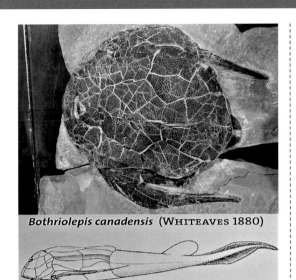

Bothriolepis canadensis (WHITEAVES 1880)

⓬板皮類ボトリオレピス。柔らかい腹部は消失している

彼らの胸ビレと腹ビレには骨があり⓫、基本的には現在の私たち脊椎動物と同じ骨格構造をしている（相同器官❾）。つまり四肢動物の前肢、後肢や私たちの手足は魚類の胸ビレと腹ビレから進化してきたことを示している。

🐟 ミグアシャ自然史博物館

海岸に露出する化石露頭のすぐ上にある博物館。ここで発掘された化石が展示されており、順番に見ていくと魚類からヒトへの脊椎動物の進化の過程が学べる。

また博物館の研究者が案内する露頭見学ツアーも実施されている。

❿2010年に見つかったエルピストステゲ。水中生活から陸上生活への移行期にある魚類。体長1m57cm

⓫立体的な構造を残すユーステノプテロン。ヒレに骨がある

23 巨木と森の 爬虫類の出現 石炭紀

	5.4　　　　5　　　　　　　4　　　　　　3　　　2.5　　　2　　　　　　1　0.66　　0.23　0（現在）											
（億年前）	古生代						中生代			新生代		
	カンブリア紀	オルドビス紀	シルル紀	デボン紀	石炭紀	ペルム紀	三畳紀	ジュラ紀	白亜紀	古第三紀	新第三紀	第四紀

Point!

☑ 石炭紀には鱗木、蘆木、封印木などからなるシダ植物の巨木の森が出現した

☑ 活発な光合成によって酸素濃度が増加し、二酸化炭素が減少。当時のゴンドワナ大陸に氷河が発達した

☑ 陸上の環境に適応したハ虫類が登場した

☑ 昆虫が大型化し巨大トンボが出現した

❶石炭紀の世界。シダ植物の巨木の森に巨大昆虫が飛び交い、ハ虫類が這いずり回る

カナダ

ジョギンズ●
化石断崖

太平洋

大西洋

石炭紀のガラパゴスと称される

●ジョギンズ化石断崖 カナダ

巨木の森が生み出した石炭と酸素

石炭紀とは

18世紀の産業革命の原動力となり近代社会を支えてきた石炭。地層を対象とする地質学はこの石炭を探す必要性から生まれた。

そしてこの石炭を大量に形成した時代を石炭紀と命名。13ある「紀」の内で資源名が冠せられた唯一の地質時代だ。約3億6000万〜3億年前にあたる。

シダ植物が石炭を作った

シルル紀に本格的な上陸を始めた植物は石炭紀になると巨大化し、最大40mもの高さに達した。湿地帯にはアマゾンのような巨木の森が出現し、鱗木、蘆木、封印木とよばれる植物が栄えた❷❸。

当時はまだ細菌などの分解者がいなかったため、木は分解されることなく累積。これが石炭へと変化したのだ。

❷石炭紀のシダ植物の森想像図

酸素と二酸化炭素の変化

巨大な森は光合成によって大量の二酸化炭素を消費し酸素を生み出す。

石炭紀に起きた昆虫の大繁栄や巨大化は大気中の酸素の増加❹と関係がありそうだ。

また二酸化炭素の減少❹は気温の低下を招き、当時のゴンドワナ大陸の氷河を発達させた。

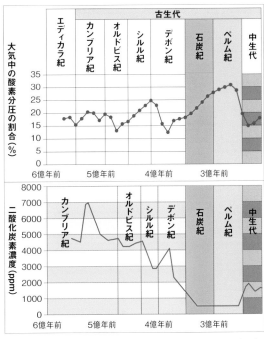

❹大気中の酸素と二酸化炭素の変化（上:酸素／下:二酸化炭素）。石炭紀からペルム紀にかけて急増した

❸シダ植物の幹（1.鱗木／2.蘆木／3.封印木）

石炭紀のガラパゴス ジョギンズ化石断崖

多種多様な化石の宝庫

　ミグアシャから400km南に石炭紀の化石を豊富に産するジョギンズ化石断崖がある❺。

　発掘された化石の種類は動植物合わせて215種。ここはダーウィンの『種の起源』でも紹介され、近代地質学の父ライエルが訪れ高く評価したことで有名になった。また最大16mにもなる潮の干満差も注目される。

シダ植物の大森林

　当時のジョギンズは熱帯の河口付近にあったと考えられている。そこには鱗木、蘆木、封印木などのシダ植物の巨木の森が広がり、さまざまな昆虫が飛び交っ

❻生きたまま化石化した鱗木。化石断崖に露出する。右下にハンマーが見える

ていた。その様子は、断崖に露出する直立状態で生き埋めになった鱗木❻を始め、さまざまな化石や地層から復元されている。

❺石炭紀の化石を産するジョギンズ化石断崖。地層は海岸に15kmにわたって露出する（右下は石炭の層）。この地域は潮の干満差が大きく最大16mにもなる

❼再構成されたメガネウラ。
トゥールーズ博物館蔵

巨大トンボの登場

　巨木の森で特に目を引くのは、翅(はね)を広げると70cm
にもなる史上最大の昆虫メガネウラ（トンボ）だ❶❼。
大きな羽音を響かせて森の中を飛び交っていたことだ
ろう。

　そのほかにもバッタやゴキブリの仲間、動物の足跡、
ちょと珍しいものでは雨粒の跡などが見つかっている。

ハ虫類の出現

　ジョギンズで最も注目される化石は、最古のハ虫類
とされるヒロノムスだ❽。

　立ったままの化石木の洞(うろ)に骨が散乱する状態で発見
され、のちの復元調査で最古のハ虫類であることが判
明。古生物学史上重要な発見となった。しかし、両生
類からハ虫類への進化の過程は、まだよくわかってい
ない。

ジョギンズ化石センター

　化石断崖の上にジョギンズ化石センターがある。こ
こで発掘された化石を展示し石炭紀の世界が再現され
ている。専門家による化石断崖を巡るミニツアーも開
催されている。

❽最古のハ虫類ヒロノムス。上段が発見当初の木の洞内の状態。
中下段は復元図

24 超大陸パンゲアの誕生とサンゴの海 ペルム紀

(億年前)	5.4	5	4	3	2.5	2	1	0.66	0.23	0 (現在)

古生代						中生代			新生代	
カンブリア紀	オルドビス紀	シルル紀	デボン紀	石炭紀	ペルム紀	三畳紀	ジュラ紀	白亜紀	古第三紀	新第三紀	第四紀

九寨溝

石林（中国南方カルスト）

黄龍

ハロン湾

❶絶景をなすカルスト地形。いずれもペルム紀の石灰岩からなる

Point!

☑ ペルム紀は超大陸パンゲアが形成され、大陸内陸部の高温乾燥化が進んだ

☑ 当時の中国は熱帯域にあった。そこにはサンゴの海が広がりのちの石灰岩の元になった

☑ 哺乳類の祖先である単弓類・ディメトロドンが登場し生態系を支配した

☑ イチョウやソテツなど裸子植物が出現した

石灰岩が生み出す絶景の数々

• 石林（中国南方カルスト） 中国
• ハロン湾 ベトナム
• 九寨溝 中国 • 黄龍 中国

❷超大陸パンゲア。当時の中国は赤道付近にあった

❸ペルム紀の想像図。哺乳類の祖先とされる単弓類のディメトロドンが栄えた

超大陸パンゲアの誕生と熱帯の海

最後の超大陸パンゲアの誕生

大陸は何度も分裂と合体を繰り返してきたが、古生代末のペルム紀には最後の超大陸パンゲアが誕生した❷。この衝突合体の最後、シベリア陸塊の衝突によって形成されたのがロシアのウラル山脈だ❷。

哺乳類の祖先・単弓類の登場

生き物の世界ではフズリナや三葉虫などが栄え、イチョウやソテツなど乾燥に強い裸子植物が新たに登場し繁栄を始めた。

石炭紀に誕生したハ虫類は、超大陸パンゲアの形成による内陸部の高温乾燥化にも適応していった。両生類からは私たち哺乳類の祖先とされる単弓類のディメトロドンが進化❸。体長2〜3m、強力なあごと鋭い歯をもつ当時最強の肉食獣だった。

熱帯にあった中国

中国南部にはこの時代の石灰岩が広く分布し、多様なカルスト地形や美しい石灰華の湖を形成している❶。

この石灰岩を造ったのは暖かい海で暮らすサンゴだ。当時の中国はパンゲア大陸の縁に近い赤道付近にあり、現在の美しい景観の大元になったサンゴ礁が広がっていた❷。

変化に富むカルスト地形が見られる石林

カルスト地形

カルスト地形は石灰岩地帯に特有の侵食地形をさす❹。石灰岩は炭酸カルシウムを主成分とするため、雨などに含まれる二酸化炭素と化学反応を起こして水に溶け岩が削られてゆく。溶食とよばれる侵食作用だ。

「世界の石林博物館」

世界遺産「中国南方カルスト」には石林や桂林、重慶武隆など7カ所が含まれる。

カルスト地形は中国南西部からさらに南の東南アジアへと広がり、古生代後期の石灰岩からなる一帯は世界最大のカルスト地帯を造っている。

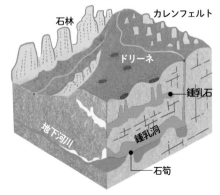

❹石灰岩の溶食によってできるカルスト地形

なかでも雲南省の石林は文字通り剣状、塔状などさまざまな石の林を造る❶❺。またドリーネやカレンフェルト、鍾乳洞など多様なカルスト地形❹が見られるため「世界の石林博物館」とも称される。これらの石灰岩の中には三葉虫やサンゴなどの化石が見られる。

海の桂林～ハロン湾

🌏 世界でも稀な景観

川下りが人気の中国・桂林に対して「海の桂林」と称されるベトナム・ハロン湾。桂林と同じようなカルスト台地が海に沈んだ世界でも稀な景観を呈する❻。

かつて塔状、城壁状を呈していた山々は、大小

❻ハロン湾のカルスト地形。海の桂林とも称えられる

❺塔状の石柱が林立する石林。ペルム紀の石灰岩からなる

❽黄龍。石灰華がダムを造り澄んだ水を湛える

2000におよぶ島々となっている。ここでは波静かなハロン湾クルーズが人気だ。

石灰華が造る自然の芸術～九寨溝・黄龍

🌏 神秘的な水を湛える九寨溝

中国屈指の人気の景勝地・九寨溝は、パンダの生息地として知られる四川省の山奥にある。

古生代後期の石灰岩の山から流れてくる水に含まれる炭酸カルシウムは、水中の浮遊物や倒木などと結合し石灰華として沈殿。不純物の少ない澄んだ水と湖底のコケなどが相まってコバルトブルーの神秘的な色を醸し出す❶❼。

九寨溝では床板サンゴや海ユリ、腕足類などの化石を産し、ここもまたかつて熱帯の海だったことが窺える。

🌏 石灰華の棚田からなる黄龍

九寨溝からひと山離れたところに黄龍がある。峡谷に沿って棚田のごとく連なる大小3400もの湖は龍のようにも見えるため、その名が付いたという。ここでは石灰華が無数のダムを造っている❽。

❼九寨溝五花海。倒木に付着する石灰華が水中の不純物を取り除き透き通った水を生み出す

25 超巨大噴火と生命絶滅の危機　大量絶滅3 ［ペルム紀］

5.4	5		4		3	2.5	2		1	0.66	0.23	0 （現在）

（億年前）

古生代						中生代			新生代	
カンブリア紀	オルドビス紀	シルル紀	デボン紀	石炭紀	ペルム紀	三畳紀	ジュラ紀	白亜紀	古第三紀	新第三紀

第四紀

Point!

- ☑ ペルム紀末には三葉虫、海ユリ、フズリナなど全生物種の96%が姿を消し、地球生命は絶滅の危機に直面した

- ☑ 絶滅の主な原因は超大陸の形成と超巨大噴火による環境の激変にあるとする説が有力

- ☑ その痕跡が洪水玄武岩としてシベリアや中国などに残されている

❶地球史上最大の噴火で形成されたプトラナ台地。水平な縞模様は玄武岩溶岩の層からなり延々と果てしなく続く

プトラナ台地

峨眉山

日本

地球環境を一変させた洪水玄武岩

- プトラナ台地 ［ロシア］
- 峨眉山 ［中国］

地球史上最大の噴火と
生命絶滅の危機

生命絶滅の危機

これまで見てきたように古生代の生き物たちは過去2回の大量絶滅を乗り越え進化・発展してきた❷。

しかし、古生代の末期ペルム紀末に起きた3回目の大量絶滅は、それまで、そしてこの先の中生代で起きるものとはまったく異なる規模だった。

それは全生物種の96％が絶滅するという、地球生命そのものの存続の危機というべきものだった。生命に満ち溢れた地球が不毛の惑星になりかけたのだ❸。

P-T境界の大量絶滅

それは古生代から中生代に移り変わろうとする2億5000万年前のことだった（この時代の境界は、古生代末のペルム紀と中生代の始まり三畳紀の英語の頭文字をとってP-T境界とよばれる）。

大量絶滅の原因についてはいくつか学説がある。最も有力なのは、この絶滅が超大陸パンゲアの形成時期とほぼ重なることから、地磁気のめまぐるしい変化と激しい火山活動などが引き起こす地球環境の激変にあるとする仮説が有力だ。

その絶滅は1度に起きたのではなく2段階にわたって起きたとされる。

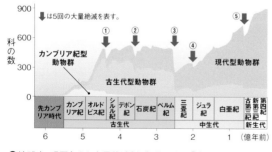

❷地球史で5回起きた大量絶滅（出典：数研出版「改訂版　フォトサイエンス地学図録」を元に作成）

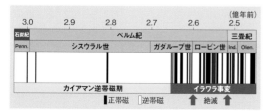

❺ペルム紀後期に起きた地磁気異常。頻繁に正逆が反転した

❸犬山市の黒色頁岩層。赤い地層に挟まれる黒い層が無酸素事変を示す

第1ステージ:超大陸の形成と地球の寒冷化

当時の大陸は、現在の地球とは違って1つにまとまった巨大な超大陸パンゲアを形成していた（p.113❷）。

この超大陸の下には、大陸を衝突・合体させる原動力ともなった冷たくて重い海洋プレートの残骸が大量に溜まっていた。あるとき、この残骸が核に向かっていっ気に落下❹。すると液体の外核の一部が冷やされて対流が乱れるため地磁気が変化する❺。

地磁気が弱まると地球に届く宇宙線が増加して雲を造る核が増えるため、雲ができやすくなるとされる。大量の雲の形成は太陽光を遮り地球を寒冷化させる。

そして地球の寒冷化は、光合成植物の減少をもたらすため、海では無酸素状態が発生し海洋生物の多くを絶滅に追いやることになる❹。

第2ステージ:超巨大噴火

さらにシベリアで発生した地球史上最大規模の超巨大噴火が、生物の絶滅に追い打ちをかけたとされる。

海洋プレートの残骸がコールドプルームとして外核に達すると、その反動で巨大な高温マントルの上昇流（ホットプルーム）が発生し、地表付近で大量のマグマとなって噴出❹。

その結果、大量の火山ガスや火山灰が地球環境を一変させてしまうことになる。

超巨大噴火がもたらす環境変化

まず、火山灰や火災による黒いススなどの小さな粒子は、成層圏に留まって太陽光を遮り寒冷化の原因となる。

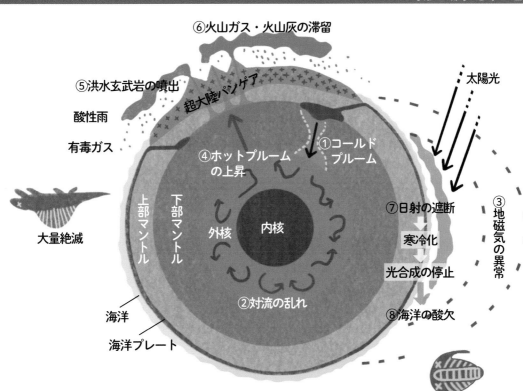

❹古生代末に起きた大量絶滅のシナリオ

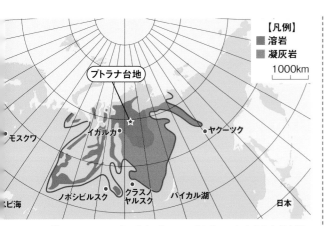

❻シベリア・トラップの分布。右下の日本と比べると広大な大地を覆っていることがわかる

地球規模の寒冷化は植物の光合成と海の深層循環の停止をもたらし、海は超酸欠状態となる❸❹。

一方で、二酸化炭素は地球の寒冷化を一変させて温暖化を引き起こす。また、火山ガスに含まれる二酸化硫黄は酸性雨となって地表に降り注ぎ海の酸性化をもたらす。メカニズムが複雑でまだ未解明な点も多いが、超大陸の形成と超巨大噴火が大量絶滅を引き起こしたのではないかという仮説はかなり有力だ。

超巨大噴火の爪跡が残る プトラナ台地

🌏 シベリア・トラップとは

地球史上最大規模の大量絶滅を引き起こした超巨大噴火の証拠は、中央シベリアで発見されている。

世界遺産プトラナ台地はそのほんの一部にすぎないが、「シベリア・トラップ」とか「洪水玄武岩」とよばれる噴出物は日本の面積の 20 倍近い 700 万 km^2 の大地を覆ったと推定される❻。最大層厚 3700m、総噴出量 400 万 km^3。陸上でこれほど大規模な噴出物は他に見あたらない。

大量の溶岩がまるで洪水のように噴出する想像を絶する超巨大噴火だった。

この噴火は流紋岩質の凝灰岩やかんらん岩などを伴うことなどから爆発的な噴火で始まり、100 万年以上もの間玄武岩マグマの流出が続いたと考えられている。

❼洪水玄武岩からなるシベリア・プトラナ台地の山々とラマ湖。台地上には25000以上の湖がある

❽柱状節理が発達した洪水玄武岩。プトラナ台地

訪問客が最も少ない世界遺産

プトラナ台地は人を寄せ付けない秘境ともいえるシベリアの奥地にある❼。

ここを訪れる人は、年間たったの数百人。世界で最も訪問客の少ない世界遺産だ。広大なタイガの森とツ

ンドラが行く手をさえぎり、ヘリコプターとボート以外に交通手段がないからだ。

秘境・プトラナ台地

いったん足を踏み込むと氷河が造った川や湖、滝が行く手をさえぎる❼❽。

かつてこの地域は平らな溶岩原をなしていたと思われるが、氷河が大地を削りU字型の渓谷やたくさんの湖を生み出した。

遠くに目をやると、山肌に露出する水平な溶岩層の縞模様がどこまでも延々と続き、かつて赤熱した溶岩が洪水のように広がっていったことを想像させる。そして、その膨大な量はかつての激しい噴火の証だ。

ほぼ手付かずの大地に広がる溶岩は、史上最大の大量絶滅を引き起こした元凶でもある。

もう1つの超巨大噴火 中国・峨眉山

大量絶滅に追い打ちをかけた洪水玄武岩

中国にも洪水玄武岩からなる世界遺産（複合）がある。四川省成都の南西約160kmにある峨眉山だ❾。

峨眉山の超巨大噴火はシベリア・トラップの800万年ほど前に起きた。噴出物の量50万 km^3、分布面積30 km^2❿はシベリアのものより1桁小さいが、すでに進行していた第1ステージの大量絶滅に追い打ちをかける原因の1つになったと考えられる。噴火は300万年ほど続いたという。

❾峨眉山山頂（3099m）直下の洪水玄武岩。斜めに傾いた溶岩層が見る

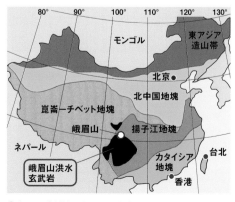

❿中国の地質体と峨眉山洪水玄武岩

第6章
中生代

26 恐竜の登場
大量絶滅4 三畳紀

| 5.4 | 5 | 4 | 3 | 2.5 | 2 | 1 | 0.66 | 0.23 | 0 (現在) |

古生代 | 中生代 | 新生代

カンブリア紀・オルドビス紀・シルル紀・デボン紀・石炭紀・ペルム紀・三畳紀・ジュラ紀・白亜紀・古第三紀・新第三紀・第四紀

(億年前)

Point!

☑ ペルム紀末の大量絶滅を乗り越えた生き物たちは、空席になったニッチに進出し勢力を拡大し始めた

☑ 三畳紀最強の捕食者はワニ類の仲間サウロスクスだった

☑ 恐竜が登場し哺乳類の祖先も現れた

☑ 三畳紀末に第4の大量絶滅が起きた

❶サンジョルジオ山（上）とイスチグアラスト州立公園（下）

三畳紀の化石の宝庫

● サンジョルジオ山 スイス・イタリア
● イスチグアラスト・タランパジャ自然公園群 アルゼンチン

大西洋　太平洋　サンジョルジオ山 ●　イスチグアラスト・タランパジャ自然公園群

中生代の始まりと恐竜の登場

生態系の復活と発展

ペルム紀末に種全体の96％の生き物が死に絶え生命史上最大の大量絶滅が起きた。

ところが中生代三畳紀に入っておよそ600万年もたつと、厳しい環境を生き延びた生き物たちが空席になったニッチ（生態的地位・場所）に次々と進出。勢力を拡大し進化を加速し始めた。

セラタイト型のアンモナイト、モノチスなどの二枚貝、イシサンゴなどの海生生物の他、陸上では新たに恐竜が登場。中生代の覇者・恐竜とアンモナイトの時代が始まった。

また古生代ペルム紀に誕生し、絶滅事変を乗り越えた単弓類（頭蓋骨の横に下顎を動かす為の筋肉が通る穴が左右1個ずつある脊椎動物）の中から哺乳類に近い獣弓類が誕生した。

第4の大量絶滅

しかし、三畳紀が始まって多種多様な生き物が進化発展する中、5000万年ほどたつと再び環境が激変、4度目となる大量絶滅が起きた。

セラタイト型のアンモナイトや陸上生物など約半数が姿を消す一方で、この絶滅は恐竜が勢力を拡大し大繁栄する契機ともなった。

絶滅の原因は火山と長雨？

では何が大量絶滅を引き起こしたのか。最近、その原因としてパンサラサ海（超大陸パンゲアを取り囲む海。古太平洋）で起きた大規模な火山活動④と、それに続く200万年におよぶ異常な長雨が原因ではないかとする説が登場。噴火で大量に放出された二酸化炭素の増加で気温が上昇し、大気が多くの水蒸気を含むようになったため雨が増加したのではないかという。

気温の上昇と二酸化炭素を含む大量の雨が海を酸性化・無酸素化させ大量絶滅を引き起こしたとされる。

ちなみに伊吹山の石灰岩はこの火山列の海山の周囲に発達したサンゴからなるという。

❷三畳紀に登場した恐竜

❸哺乳類に近い獣弓類プラケリアス。体長2.7m

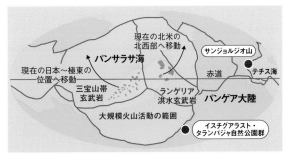
❹三畳紀末の大規模火山活動。大量絶滅の原因になった可能性がある

亜熱帯のラグーン
～サンジョルジオ山

サンジョルジオ山

スイスとイタリアの国境に三畳紀中期の化石の宝庫として知られるサンジョルジオ山（1097m）がある❹。

ルガーノ湖に面したこの山で発見された化石は、ハ虫類30種、魚類80種を始め、無脊椎動物、昆虫、植物など、全部で1万点以上にもおよぶという。

発掘された化石は、麓の化石博物館やチューリッヒ大学古代生物博物館で展示されている。

亜熱帯のラグーン

サンジョルジオ山は、当時は亜熱帯のラグーン（潟湖）を形成し、すぐ近くにはサンゴの海とテチス海が広がっていた❺。

波静かで温暖なラグーンはたくさんの生き物たちの住処となっていた❺。死後はその姿形を留めたまま石灰質の砂泥にゆっくりと埋まっていったため、細部の構造を留めたまま保存されることになった❻。サンジョルジオ山の化石の保存状態の良さは、こういう環境からきている。

またラグーンの背後には亜熱帯の森が広がり、洪水などが発生すると陸上動物や樹木の一部がラグーンに運ばれ化石化したため❻、海と陸を含む当時の生態系の復元が可能になっている。

恐竜に近いティキノスクス

ここで注目される化石の1つに恐竜やワニの仲間で、主竜類に属するティキノスクスがある❼。体長2.5m、恐竜に進化する直前のハ虫類だ。腹部からは魚の鱗（うろこ）が見つかり魚を食べていたことがわかった。

長い首を持つ水辺のハ虫類

そして脊椎動物で最長の首を持つタニストロフェウス❽。主に水の中で生活していたと思われるが、体長の2／3を占める長い首は物理的には限界とされる。

❺三畳紀のサンジョルジオ山付近で暮らしていた海の生き物たち

❻細部の構造を留める化石（左：針葉樹の小枝／中央：蚊（チントリナ）、体長15mm／右：魚類のイオセミオタス、体長6cm）

❼恐竜に近い主竜類のティキノスクス。体長2.5m

❽タニストロフェウス。体長6mの2／3近くを首が占める

chapter6 中生代

恐竜誕生の地
～アルゼンチン自然公園群

アルゼンチン北西部、アンデス山脈の麓にある2つの自然公園からなる世界遺産❾⓿。

砂漠に露出する三畳紀後期の陸上堆積物から恐竜や哺乳類に近い獣弓類が出土し、脊椎動物の進化を探る上で欠かせない場所となっている。

最強の捕食者はワニの仲間

中生代の覇者・恐竜は三畳紀にはまだ1〜4m程度と小さく、当時の生態系の頂点に立っていたのは体長およそ6mのワニの仲間サウロスクスだった⓿。

恐竜の出現

自然公園の地層からは最初期の恐竜エオラプトルやヘレラサウルスなどが出土する⓫。つまり脚が胴体から横に向かって伸びるハ虫類に対し、下に向かってまっすぐ伸び直立歩行に適した骨格を持つハ虫類＝恐竜は、ここアルゼンチンで誕生したことになる。

哺乳類誕生直前の生き物

哺乳類は体温を保つ恒温性、鼻と口の間を仕切る二次口蓋、横隔膜の存在などの特性を持つ。公園内ではこうした特徴をもつキノドンの仲間チニクオドンやエクサエレトドンなど、哺乳類誕生直前の生き物が発見されている⓬。

❿三畳紀最強の捕食者サウロスクス

❾赤い砂岩層が露出するタランパジャ国立公園

⓫自然公園群で発見された動物（黒字：ワニ類／赤字：恐竜／緑字：獣弓類／青字：哺乳類の祖先・キノドン類）

⓬キノドン類のエクサエレトドン

27 中生代の姿を留める ギアナ高地 三畳紀〜

5.4	5		4		3	2.5	2		1	0.66	0.23 0 （現在）
（億年前）	古生代						中生代			新生代	
カンブリア紀	オルドビス紀	シルル紀	デボン紀	石炭紀	ペルム紀	三畳紀	ジュラ紀		白亜紀	古第三紀	新第三紀 第四紀

❶ギアナ高地のクケナン山。公園内には頂上が平らなテーブルマウンテン「テプイ」が100以上にわたって分布する

Point!

☑ ギアナ高地は19〜18億年前の砂岩・珪岩からなり、中生代に入って本格的なテーブルマウンテンの形成が始まった

☑ ギアナ高地は中生代以降赤道直下に留まり続け大きな環境変化を受けなかったため、古い地形や生態系を今に伝える世界でも珍しい場所となった

地球最後の秘境〜ロストワールド

・ カナイマ国立公園 ベネズエラ

太古の姿を留める ギアナ高地の成り立ち

地球最後の秘境・ギアナ高地

　ベネズエラからガイアナ、フランス領ギアナ、ブラジルなど6カ国にまたがるギアナ高地❶。その面積120万 km²は日本の約 3倍、中心となるベネズエラ・カナイマ国立公園は日本の中国地方に匹敵する広さを持つ。

　しかしここは赤道直下にあり、大量の雨と乾燥がもたらす深い森とサバンナ、そして「テプイ」とよばれる垂直に切り立つ断崖に囲まれたテーブル状の山々が人の侵入を拒み、太古の地球の姿を今も留めている。

　20世紀の始め、作家コナン・ドイルは SF 小説『ロストワールド（失われた世界）』でそんな秘境の姿を紹介し、ギアナ高地が世界に広く知られるきっかけとなった。

ギアナ高地の成り立ち

　テプイの多くは非常に固い砂岩や珪岩からなる。これらは 19億〜 18億年前に花崗岩の大地に形成された湖の堆積物とされる❷。

　その後、堆積物は大規模なマグマの貫入を受けて隆起して陸化。その際に形成された割れ目に沿って堆積物の侵食が始まる❷。

　中生代に入るとゴンドワナ大陸の分裂が始まり、やがて南米とアフリカの両大陸に分かれる。しかしギアナ高地は、大陸移動の回転軸にあたりその位置を大きく変えることはなかった。そのためギアナ高地は赤道付近に留まり続け環境変化がほとんどなかったと考えられる。今なお太古の姿を留める生き物たちが多い所以だ。

テプイが集中する カナイマ国立公園

人跡未踏の秘境

　公園には大小合わせて 100を超える標高 2000m 級のテプイが散らばる。いずれも周囲が切り立った絶壁に取り囲まれているため登頂が難しく、ほとんどが人跡未踏の状態にある。

アウヤンテプイ

　標高 2535m。平らな台地は東京 23区よりも広く（670km²）、公園内で最大のテプイ❸❹。

❸カナイマ国立公園の地図。アウヤンテプイやエンジェルフォール、ロライマ山などの見どころがある

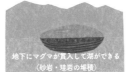

①19 〜 18 億年前　　地下にマグマが貫入して湖ができる（砂岩・珪岩の堆積）

②中生代　　マグマの貫入によって湖周辺が隆起

割れ目に沿って侵食が進みテーブルマウンテンができる

③現在のギアナ高地

❷ギアナ高地のでき方

❹アウヤンテプイ（2535m）とエンジェルフォール（落差は世界一の979m）。平らな頂上台地には固有種が多く、麓は深い熱帯林に包まれる

125

そして世界の人々が注目するのは、このテプイの山頂から流れ落ちる世界一の落差979mを誇るエンジェルフォールだ❹。あまりにも落差が大きいため、大量に流れ落ちる水も途中で空気と絡み合って霧状になってしまい滝壺ができないほどだ。

🐸ロライマ山

公園内の最高峰（2810m）で、一般の旅行者でも徒歩による登山が可能なテプイだ❸❼。

ここではいくつか注目すべき固有種が見られる。

たとえばこの山に自生するオレクタンテ❺。この植物の仲間はアフリカ大陸でも発見されており、かつて南米とアフリカの両大陸は陸続きでゴンドワナ大陸を形成していたことを示す生き証人として注目されている。

そして動物では体長4cmほどのヒキガエルの仲間オリオフリネラ❻。このカエルは水かきを持たず、オタマジャクシの段階を経ることなく直接、卵からカエルの形で孵化するという珍しい特徴をもつ。中生代の姿をそのまま留めているのだ。

🐸独自進化を遂げた生き物たち

台地上の生き物たちは、隔絶された孤島のような環境の元で原始の姿を留めながらテプイごとに独自の生態系を築き進化を遂げてきた（同様のことはケープタウンのテーブルマウンテンでも見られた。p.66参照）。

ギアナ高地のテプイで発見された植物4000種のうち75％が固有種にあたり、ガラパゴス諸島の53％と比べてもギアナ高地の隔絶度は群を抜いている。

また固い岩盤の山頂は強い雨風にさらされ、枯れた植物を分解する微生物も少ないので土壌がほとんどできない。そのため不足する養分を虫に頼る食虫植物が多く見られる。

❺固有種のオレクタンテ。アフリカでも同じ仲間が見られ大陸移動の生き証人とされる

❻中生代の姿を留めるカエル・オリオフリネラ。体長4cm。水かきがない

❼ロライマ山（右奥、2810m）とクケナン山（左奥、2600m）。巨大な軍艦が大地に浮かんでいるようだ。手前のサバンナは火災によって熱帯林からサバンナに変化したという

28 恐竜・裸子植物の繁栄と哺乳類の登場 ジュラ紀

5.4	5		4		3	2.5		2		1	0.66 0.23 0（現在）

（億年前）

古生代						中生代			新生代		
カンブリア紀	オルドビス紀	シルル紀	デボン紀	石炭紀	ペルム紀	三畳紀	ジュラ紀	白亜紀	古第三紀	新第三紀	第四紀

Point!

- ☑ ジュラ紀は酸素が現在の6割程度に減少する一方で二酸化炭素が増加し、温暖で湿潤な気候だった
- ☑ 恐竜が大型化・多様化し生態系の頂点にたった
- ☑ 最も古い哺乳類の祖先が登場した

❶タスマニア原生地域の太古の森（上段）とジュラシック・コースト（下段）

太古の面影を残す森と白亜の断崖

- タスマニア原生地域 オーストラリア
- ジュラシック・コースト
  （ドーセットと東デボンの海岸）
  イギリス

ジェラシック・コースト●

タスマニア原生地域 ●

恐竜の繁栄下で誕生した哺乳類と裸子植物

恐竜の大型化と繁栄

「ジュラシック・パーク」の映画で知られるジュラ紀は、恐竜が大型化し生態系の覇者となった時代だ。

その理由の1つに、ペルム紀から続く酸素濃度の低下があげられる。現在の大気には21％の酸素が含まれるが、当時は13％程度でしかなかった。これは今の地球でいえば標高約4000mの高地に相当する。しかし恐竜は気囊とよばれる特殊な袋を持ち、効率的に酸素が取り込めたため繁栄が可能だった。

温暖な気候と裸子植物の繁栄

大きな体を維持するためには十分な食べ物が必要だ。ジュラ紀は酸素とは反対に二酸化炭素濃度が高く、温暖で湿潤だったため植物がよく育ち、イチョウやソテツ、マツなどの裸子植物が繁栄。恐竜たちの格好の食糧となったと思われる❷。

哺乳類の誕生

三畳紀に出現した哺乳類直前の動物キノドン類は、ジュラ紀になるとほぼ完全な哺乳類へと進化した。しかし地上を支配していた恐竜にニッチを独占され、ネズミほどの大きさにすぎず、比較的安全な夜に活動していたと思われる。

❷ジュラ紀の世界。イチョウやマツ、ソテツなどの裸子植物が繁茂し草食恐竜の格好のエサとなった

❸ジュラ紀の大陸分布。北のローラシアと南のゴンドワナの2つの大陸に分裂し始めた

❺シダ植物の木生シダ

❻裸子植物のペンシルパイン

❼被子植物の南極ブナ

ゴンドワナ大陸

ジュラ紀に入ると超大陸パンゲアは分裂を始め、やがてローラシアとゴンドワナの北南 2 つの大陸に分離❸。それぞれ独自の進化が始まった。

南半球のゴンドワナ大陸にはゴンドワナ植物群、白亜紀になると有袋類など独特の生き物が出現した。

太古の森の姿が残る タスマニア原生地域

原始の森レインフォレスト

ゴンドワナ植物群の末裔が世界遺産・タスマニア原生地域で見られる。

特にレインフォレストとよばれる湿った森❹には、5、6m もある大きな木生シダ❺、裸子植物のペンシルパイン❻、被子植物の南極ブナ❼など、北半球の大陸には見られない植物が今なお繁茂する。

この島ではレインフォレストの他にもヤシに似たパンダニなど、タスマニア特有の固有種が数多く見られる。

有袋類

オーストラリアではカンガルーやコアラなど有袋類が独特の進化を遂げてきた。大陸には彼らを襲う天敵の肉食獣がいなかったからだ。タスマニア島には腐肉をあさるタスマニアデビルやウォンバットなどの固有種が棲息する。

ジュラシック・コーストと 最古の哺乳類

ドーバー海峡の白亜の断崖

イギリスのドーバー海峡沿いにはジュラシック・コーストとよばれる有名な白亜の断崖が延々と 150km にわたって露出する❶❽❾。

❹タスマニア原生地域のレインフォレスト。かつてのゴンドワナの森を彷彿させる

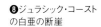

❽ジュラシック・コーストの白亜の断崖

地層は白亜紀からジュラ紀、三畳紀、と東から西に行くほど古くなり、およそ1億8千万年分の地球史がほぼ連続して記録されており、地質学の格好のフィールドとなっている。

またアンモナイトや植物、魚類など、さまざまな化石が発見されている。

🌏 最古の哺乳類

2017年、イギリスの研究者たちが、ジュラシックコーストの1億4500万年前（ジュラ紀末）の地層から哺乳類の特徴を備えた小さな歯の化石2本を発見し、この化石はその点では哺乳類として最古のものだと発表した。

ところが2022年には、別の研究グループがブラジルで2億2500万年前（三畳紀後期）の地層から発見されていた歯が哺乳類のものであることが判明したと発表。哺乳類の起源を巡る論争が続いている。

しかしいずれにしても当時の哺乳類は夜行性で、昆虫や植物などを食べていた可能性が高いとされている。

❾ジュラシックコーストの観光名所、ダードル・ドアの天然橋

PS.

日本列島と恐竜

日本では長い間、恐竜の化石は出土しないと信じられてきた。日本は島国で大陸から海で隔てられているからだ。ところが福井などで恐竜化石が発見されると日本各地で次々と見つかり、恐竜ブームが起きている。恐竜の時代、日本はアジア大陸の一部だったことが明らかになると恐竜の存在は当然となった。日本列島がアジア大陸から分裂し、回転しながら移動したのは1800万年前。ジュラ紀のずっとあとのことだ。

PS.

恐竜から鳥類へ、進化途上の始祖鳥

ドイツのゾルンホーフェンのジュラ紀層から発見された体長50cmほどの始祖鳥の化石は、文字通り恐竜から鳥類への進化の過程を示す化石としてよく知られる。

リトグラフの印刷板として有名な石灰岩から出土した化石には、前足（翼）には、見事な羽根と鉤（かぎ）爪（づめ）を持つ3本の指、嘴（くちばし）には鋭い歯、そして長い尾には細い骨がある。

ハ虫類と鳥類の両方の特徴を備え持つ生き物として世界が注目する化石だ。

29 花崗岩の形成と山の多様性 白亜紀〜

	古生代						中生代			新生代		
(億年前)	カンブリア紀	オルドビス紀	シルル紀	デボン紀	石炭紀	ペルム紀	三畳紀	ジュラ紀	白亜紀	古第三紀	新第三紀	第四紀

5.4　5　4　3　2.5　2　1　0.66　0.23　0（現在）

黄　山

弥　山

黄山の花崗岩

ヨセミテ

❶白亜紀の花崗岩からなる山々。それぞれ姿形が大きく異なる

Point!

☑ 白亜紀には環太平洋地域でマグマの活動が活発化し、大量の花崗岩が形成された

☑ 同じ白亜紀の花崗岩でも、弥山、黄山、ヨセミテではまったく異なる地形を呈する

☑ 地形の違いには、風化作用、断層運動、氷河による侵食が大きな影響を及ぼしている

風化侵食／断層運動／氷食が造った山々

ヨセミテ
弥山（厳島神社）
黄山

- 弥山（厳島神社：文化遺産）日本
- 黄山 中国
- ヨセミテ アメリカ

多様な姿を見せる花崗岩の山々

花崗岩とは

　花崗岩は御影石ともよばれ、日本では比較的馴染みのある岩石だ。白っぽくて表面を磨くと美しく見えるので墓石や建築材、石垣などに利用されることが多い。

　黒雲母や長石、石英など大粒の結晶からなる花崗岩❶はマグマが地下深くでゆっくり冷え固まってできた深成岩に分類される。

　中生代の白亜紀は環太平洋地域でマグマの活動が活発化し、その花崗岩が大量に形成された時期にあたる。日本に広く分布する花崗岩もその多くはこの白亜紀のものだ。

白亜紀花崗岩の山々

　観光客に人気のあるアメリカのヨセミテ、中国の黄山、そして広島県厳島の弥山はいずれも白亜紀の花崗岩からなる山々だ❶❷。

　しかし時代も種類も同じ岩石からなる山でありながら山の姿は三者三様、大きく異なっている。

　深いU字谷と垂直の岩壁をもつ岩山の殿堂ヨセミテ、天を突き刺すような鋭い岩峰群を造る黄山、なだらかで丸みをもつ穏やかな弥山。

　何がこのような違いを生んだのだろう。

風化侵食が生み出したなだらかな弥山

弥山

　世界文化遺産・厳島神社の背後に聳える弥山（535m）は、深い緑に覆われ穏やかな表情を見せる❷。この山の原生林は真言密教の修験場として古くから利用され、現在は国の天然記念物に指定されている。

風化した真砂が造る山容

　険しい地形の黄山やヨセミテとは違って、なだらかで丸みのある山容はどのようにしてできたのだろう。

　そのポイントは花崗岩の風化作用でできる真砂とよ

❸花崗岩と風化。弥山山頂。褐色の土の部分が花崗岩が風化してできた真砂

❷世界遺産・厳島神社と弥山（535m）。白亜紀の花崗岩からなる弥山は丸みを帯びたなだらかな山容を呈する

ばれる砂・土壌にある❸。

花崗岩を構成する黒雲母、斜長石、石英などの結晶は同じような大きさ（等粒）で数mm程度だ。

この3種類の結晶は、それぞれ熱膨張率が違う。そのため昼夜や夏冬などの温度差による膨張収縮を繰り返している間に結晶粒子どうしの間に割れ目が入り、結合が弱まってばらばらになりやすい。こうした風化作用によってできる花崗岩の砂粒が真砂だ。

この真砂が風雨などによって削られたり移動したりすると丸みを帯びたなだらかな地形となり、そこにモミやマツなどの植物が生えて穏やかな表情の山容となるのだ。

断層運動による隆起と侵食でできた黄山

切り立つ岩峰群

中国南東部に聳える黄山は、「黄山を見ずして山を見たというなかれ」といわれるほど中国では人気が高い。古くから仙人が住むともいわれ多くの文人墨客（ぶんじんぼっかく）が訪れた。

鋭く切り立った岩峰群と奥深い峡谷❹。広い黄山の中でも特に地形が険しい場所は東西30km、南北40kmのエリアに集中する❺。中でも黄山で最高峰の蓮花峰（れんかほう）（1864m）を始め天都峰（てんとほう）、光明頂（こうみょうちょう）の3主峰の周囲には岩峰群が林立し見どころが多い。

❹白亜紀の花崗岩からなる黄山。垂直に切り立つ岩山と黄山松、雲海が美しい

黄山の魅力

険しい岩山は霧や雲海がかかると雰囲気が一変する。とりわけ薄いベールのような霧は、荒々しい風景から水墨画（山水画）のような幽玄な世界を醸し出す❹。黄山人気の1つが、この霧と雲海にある。

そして岩山に根を下ろし、へばり付く黄山松も美しい❹。この松は土壌のできない厳しい岩山でも生育できる数少ない樹木だ。

断層運動による急速隆起

ではなぜ黄山の花崗岩は切り立った岩峰群と深い峡谷を造るのか。花崗岩の山としては他にあまり例を見ない地形といえる。その理由は、断層運動による急激な隆起❺と風雨による侵食作用にあるという。

黄山の花崗岩は、およそ1億年前に古太平洋プレートの沈み込みによってマグマが発生し地下深くで誕生した❻。その後、黄山にはインド亜大陸の衝突によって南からの圧力もかかることになる。

その結果、黄山にはX字型の断層が形成され、断層に挟まれた部分が急速に隆起してたくさんの割れ目（節理）ができたと考えられる❶❹。

こうした急激な隆起によって、日本の花崗岩の山々のようにゆっくり風化して真砂を形成することなく、割れ目に沿った崩落や雨風による侵食が進んだ結果、急峻な地形ができたと考えられる。

❺断層運動によって急速に隆起する黄山

❻黄山に加わる力と白亜紀の花崗岩の形成域

隆起と氷河によってできた ヨセミテ

プレート衝突による隆起

そそり立つ白い岩山と深いU字渓谷で知られるヨセミテ❼は、アメリカ西部のシエラネバダ山脈の一角にある。この山脈にはアメリカ本土最高峰のホイットニー山（4418m）があり隆起が激しい。

その原動力は北米プレートに対し西から衝突し、その下に沈み込もうとする太平洋プレートにある。

氷河による侵食

第四紀の氷河時代に入ってヨセミテは何度も氷河に覆われてきた。最大1200mに達した厚い氷河は、プレート衝突によって隆起しつつある岩山を削りながら下流に向かってゆっくり流れていた❽。その結果、ヨセミテ渓谷の深いU字谷や切り立った岩壁ができたのだ。

日本にも氷河があったら…

もし日本列島も氷河に覆われていたとしたら、いま頻発する土砂崩れや崖崩れは起きなかったのではないか、とする考え方がある。氷河が崩れやすい表面の風化層や土壌を削り取ってくれるからだ。ヨセミテのように固い岩盤むき出しでは土砂崩れはほとんど起きない❾。

❼深いU字谷が奥まで続くヨセミテ渓谷。深さ1000m、幅1600m、長さ12kmにおよぶ。左の岩壁がロッククライミングの名所で花崗岩の一枚岩エルキャピタン

❽何度も氷河に覆われたヨセミテ渓谷。氷河の厚さは最大1200mにもなった

❾氷河によって風化層や土壌をはぎ取られ岩肌がむき出しになった白亜紀の花崗岩。ヨセミテ

30 世界最古の砂漠の誕生
白亜紀

5.4	5		4	3	2.5	2		1	0.66	0.23	0 (現在)

古生代						中生代			新生代		
カンブリア紀	オルドビス紀	シルル紀	デボン紀	石炭紀	ペルム紀	三畳紀	ジュラ紀	白亜紀	古第三紀	新第三紀	第四紀

(億年前)

❶世界最古のナミブ砂漠の砂丘。朝日を浴びると陰影と曲線美が際立つ

Point!

- ☑ 白砂漠は地球の陸地の1/4をしめ、中でも〜高緯度地方に分布する

- ☑ ナミブ砂漠は8000万年前ころには存在した世界最古の砂漠で「西岸砂漠」に分類される

- ☑ アプリコットの美しい砂丘はオレンジ川がはき出す大量の砂と沿岸を流れる海流、強い海風が造り出した

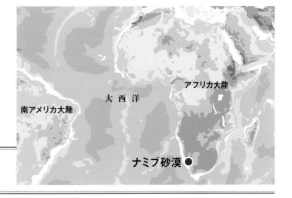

南アメリカ大陸　大西洋　アフリカ大陸

ナミブ砂漠 ●

アプリコットの広大な砂の海

● ナミブ砂漠 ナミビア

砂漠の成り立ち

砂漠ができるところと砂漠のタイプ

　日本では馴染みが薄いが、地球の陸地の1／4は砂漠だ。極端に雨が少なく乾燥した不毛の大地が中～高緯度地方に広がっている。農業などに適した大地は意外と少ない。

　その砂漠はでき方の違いによって次の4つのタイプに分けられる❷。

①西岸砂漠
南半球の大陸西岸では、南極海流がもたらす寒流が大陸にぶつかり北上する❸。冷たい海流のもと冷やされた空気は上昇できず雲ができないため、雨が降らず砂漠化する。ナミブ砂漠やアタカマ砂漠などがその例。

②中緯度砂漠
北回帰線や南回帰線付近では、熱帯で発生した上昇気流が中緯度地方までやってきて冷やされ下降。亜熱帯高気圧が発達する。そのため雨が少なく砂漠化しやすい。サハラ砂漠やカラハリ砂漠などがその例。

③内陸砂漠
海から遠く離れた大陸の内陸部では、水蒸気や雲が供給されないためにできる。タクラマカン砂漠やゴビ砂漠などがその例。

④雨陰砂漠
　絶えず強い偏西風が吹く山脈の風下側では、フェーン現象が起きて気温が上がり空気が乾燥化する。パタゴニア東部の砂漠やコロラド砂漠などがその例。

広大な砂の海～ナミブ砂漠

世界最古の砂漠の誕生

　西岸砂漠に属するナミブ砂漠は、およそ8000万年前ころには誕生していたと考えられている。そのころゴンドワナ大陸はアフリカと南米、南極などに分裂し、その間に南大西洋が拡大。当時、ナミビアの西岸には寒流が流れ始めたと考えられるからだ❸。

大量の砂と赤い砂丘

　ナミブ砂漠の砂丘は、海岸から内陸部の急崖まで幅150kmにわたって発達する❹。

　大量の砂は南アフリカとの国境を流れるオレンジ川から流れ出たものだ❹。この砂は海流に乗って北上し

❷中～高緯度地域に広がる砂漠。4つのタイプがある

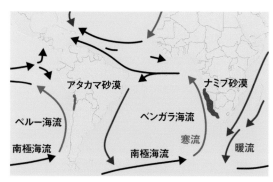

❸大陸の西岸にできる西岸砂漠。沖合を流れる冷たい海流が砂漠を生み出す

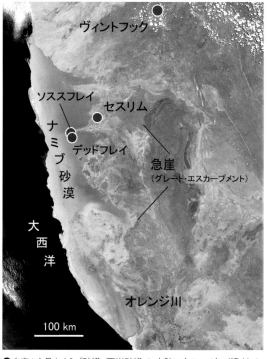

❹宇宙から見たナミブ砂漠。西岸砂漠で、内陸に向かって色が濃くなる

ナミビアの海岸に堆積。さらに強い風によって内陸部へと運ばれる。

　アプリコットの赤い砂丘は朝日を浴びるととりわけ美しい❶。赤い砂の色は酸化鉄（サビ）の色だ。内陸に向かうほど砂が古く酸化が進むため砂丘はより赤くなる❹。

🌍 砂丘のタイプ

　ナミブ砂漠では1年を通して海から強い西風が吹く。この風が砂丘を成長・移動させ、砂丘のタイプを変えてゆく❺。一般には、海岸から内陸に向かって三日月型❻から星型❼へと姿が変化する。

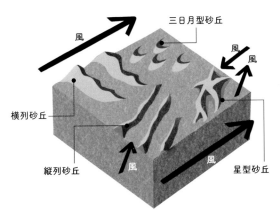

三日月型砂丘

風

横列砂丘

風 風 風

縦列砂丘 風 風 星型砂丘

❺砂丘のでき方。風向きと砂の量によってさまざまな形の砂丘を造る

❻三日月型砂丘と横列砂丘

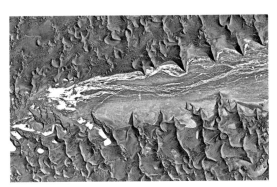

❼星型砂丘。セスリム❷の奥地で見られる

❽ナミブ砂漠の人気スポット・デッドフレイ。かつてここには湖が広がり緑に覆われていた

❾セスリムの奥地ソススフレイの星型砂丘。植物は地下深くまで根を張り地下水を吸い上げる

31 巨大隕石の衝突と恐竜の絶滅　大量絶滅5 白亜紀

(億年前)	5.4	5		4		3	2.5	2		1	0.66	0.23	0 (現在)

古生代						中生代			新生代	

カンブリア紀／オルドビス紀／シルル紀／デボン紀／石炭紀／ペルム紀／三畳紀／ジュラ紀／白亜紀／古第三紀／新第三紀／第四紀

Point!

- ☑ 白亜紀にはハ虫類・恐竜が陸海空あらゆる環境に進出し適応放散した
- ☑ 白亜紀末に直径10kmの巨大隕石がユカタン半島に衝突したため、恐竜を始め生き物の75%が死滅し第5の大量絶滅が起きた
- ☑ 絶滅の主な原因は、酸性雨や衝突の冬による光合成の停止、食物連鎖の崩壊にある

❶メキシコのユカタン半島に落下した巨大隕石。直径約10kmと推定されている

州立恐竜公園　ステウンス・クリント
大西洋
★巨大隕石の衝突地点
太平洋

恐竜絶滅の謎の一端を解き明かす

- 州立恐竜公園 カナダ
- ステウンス・クリント デンマーク

恐竜の時代に幕を閉じた 巨大隕石の衝突

適応放散した恐竜と絶滅

白亜紀に入るとハ虫類と恐竜は空や海にまで進出し、地球を我が物顔で支配する最強の生き物として世界各地に適応放散した。

史上最強の大型肉食獣ティラノサウルスやトリケラトプスなどもこの時期に出現した。

しかし6550万年前、全ての恐竜が忽然(こつぜん)と姿を消す一大事変が起きた。

直径10kmの巨大隕石の衝突

その原因についてはノーベル物理学賞受賞者のアルバレスらによる1980年の論文が突破口を切り拓いた。

きっかけは隕石には大量に含まれるが地球にはほとんど存在しないイリジウムの発見だった。恐竜が絶滅した白亜紀と古第三紀の境界（頭文字を取ってK/Pg境界という）層に大量に含まれていたのだ。

そこで彼らはK/Pg境界で直径約10kmの隕石が落下❶❷。地球環境の激変が恐竜を絶滅に追いやったとした。

❷巨大隕石衝突を目撃し絶滅した恐竜たち

🌏 隕石衝突の証拠

その後この仮説を裏付ける証拠が次々と見つかった。

メキシコ・ユカタン半島の地下で直径約 180km の巨大クレータが発見され❸、ここが衝突地点とみなされた。さらに周辺では巨大津波堆積物、衝撃によってできる変成鉱物や溶融岩なども見つかった。

🌏 一瞬の内に死滅した生き物

隕石の落下点に近かった北米大陸の生き物たちは、衝突による衝撃波と M11 以上の超巨大地震、そして1万℃におよぶ熱風によって一瞬のうちに死に絶えたと思われる。

しかしより深刻な異変はその後間もなく始まった。

🌏 天変地異のシナリオ

最大の不運は衝突地点が炭酸塩・硫酸塩岩の堆積場だったことだ。衝突によって巻き上げられた硫酸成分は上空でエアロゾルを形成。これが酸性雨となって地表に降り注ぎ多くの生き物を死滅させた❹。

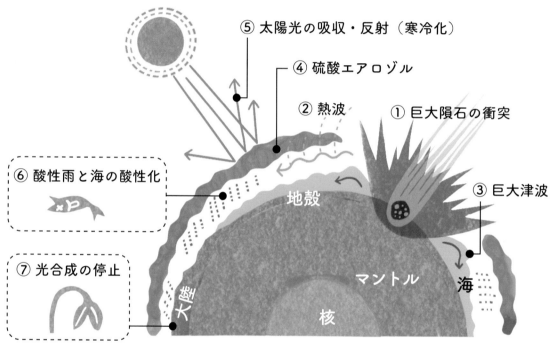

⑤ 太陽光の吸収・反射（寒冷化）
④ 硫酸エアロゾル
② 熱波
① 巨大隕石の衝突
⑥ 酸性雨と海の酸性化
③ 巨大津波
地殻
⑦ 光合成の停止
マントル
海
大陸
核

❹白亜紀末の大量絶滅のシナリオ。巨大隕石衝突が恐竜を含む生物の大量絶滅を引き起こした

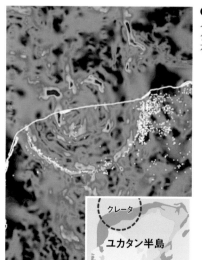

❸ 重力異常とセノーテ(泉:白点)。分布が地下の隕石孔と一致する

クレータ
ユカタン半島

❺40種近い恐竜の化石が大量に出土するバッドランド。濃い緑の部分にはレッドディア川が流れる

❻白亜紀と古第三紀のK/Pg境界層。色が褐色から黒っぽく変わるところ

そして太陽の光を遮る上空のススと微粒子。月夜のように暗くなった地球は寒冷化し、植物は光合成を停止した❹。

こうして第5の大量絶滅が起き全盛を極めた恐竜も含め生物種の75％が姿を消した。

恐竜の繁栄と絶滅の舞台 州立恐竜公園

恐竜化石の宝庫バッドランド

カナダ西部のアルバータ州カルガリーの近郊にバッドランドとよばれる荒涼とした不毛の大地が広がっている❺。しかし、むき出しになった地層からはティラノサウルスの仲間を始め、39種におよぶ多種多様な恐竜が発見されており、ここは世界最大級の恐竜化石の産地で研究の最前線の1つとして注目されている。

K/Pg境界層

公園の近くにはK/Pg境界層があり、厚さ10cmほどの黒い粘土層から隕石由来のイリジウムが発見されている❻。

恐竜の化石はK/Pg境界を境に姿を消し、上位の古第三紀層からはカメやトカゲ、トガリネズミなど小さなハ虫類と哺乳類しか出土しない。

州立公園は恐竜の繁栄と絶滅の過程を探る上で貴重な場所となっている。

アルバートサウルスとセントロサウルス

この公園で数多く発見されている化石の1つにアルバートサウルスがある。最強の肉食獣ティラノサウルス科に属するこの恐竜は、狭い範囲で25体も出土し研究者を驚かせた。このことは単独行動するティラノサウルスのイメージとは違って、アルバートサウルスが群れをなして行動していたことを示唆するものではないか、として注目されている❼。

一方、草食竜セントロサウルスも多数見つかっている❼。この恐竜も群れをなし、肉食獣アルバートサウルスの狩りの対象となっていた可能性がある❼。

博物館とガイドツアー

出土した化石の多くは、現地の博物館ではなく、公園から北西に130km離れたロイヤルティレル博物館で展示され研究が進められている。

一方、公園内では研究者によるガイドツアーが実施され、実際の発掘現場を見学できる❽。

❼ティラノサウルスの仲間アルバートサウルス。セントロサウルス（左奥）を集団で狩りをしていたと思われる

隕石衝突を記録する ステウンス・クリント

延々と続く白亜の断崖

　北欧デンマークの首都コペンハーゲンから南へ45km。渡り鳥の通り道としても知られる海岸に高さ数10mの白亜の断崖が15km以上にわたって続いている❿。

地質学的な価値と世界遺産

　ここにはカナダの州立恐竜公園と同様、白亜紀から古第三紀の地層が連続して露出する。K/Pg境界にはイリジウムを含む厚さ数cmの黒色粘土層があり、海岸で容易に観察できる❾❿。

　また、ここは古第三紀暁新世の前期・ダニアン期の国際模式露頭にも指定され、地球史を研究するうえでも重要な場所となっている。

　こうして白亜の断崖は、地質学的に貴重な場所でアクセスも容易とあって世界遺産にも登録されている。

❽発掘調査中のセントロサウルスの化石床

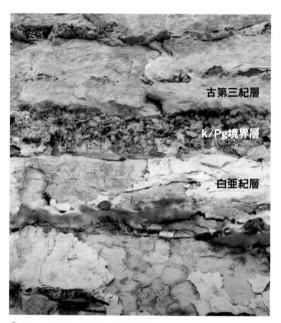

❾イリジウムが濃集するK／Pg境界層

古第三紀層

k/Pg境界層

白亜紀層

❿デンマークのステウンス・クリント。白亜紀層と古第三紀層の境界にイリジウム濃集層がある（矢印）

古第三紀層

白亜紀層

第7章
新生代

32 哺乳類時代の幕開け
古第三紀

5.4	5		4		3	2.5	2		1	0.66	0.23	0 (現在)	

（億年前）

古生代						中生代			新生代		
カンブリア紀	オルドビス紀	シルル紀	デボン紀	石炭紀	ペルム紀	三畳紀	ジュラ紀	白亜紀	古第三紀	新第三紀	第四紀

❶古第三紀の始まりのころの想像図。
樹上生活をする霊長類やウマの祖先が登場した

Point!

☑ 恐竜が姿を消したため哺乳類が空白になったニッチに進出。急速に多様化、大型化し適応放散した

☑ 現在の哺乳類の大半がこの時代に出現した

☑ 古第三紀は突発的な高温・多湿化が起きた

☑ ドイツのメッセルピットは多種多様な化石を産し、哺乳類の進化を紐解くカギを握る

イギリス　ドイツ
● メッセルピット
フランス
イタリア

保存状態抜群の化石の産地

● メッセルピット ドイツ

急速に適応放散した哺乳類

恐竜絶滅後の世界

恐竜の時代に終止符をうった巨大隕石の衝突。激変した地球環境を生き延びた生き物たちは、やがて恐竜が独占していたニッチ（場所）に進出を始めた。もう強大な恐竜の影に怯えることもない。

哺乳類の時代の幕開け

夜行性を選択し息を潜めるようにして生きてきた小さな哺乳類たち。しかし体が小さかったことが幸いし、厳しい環境をわずかな食料で食いつなぎ、地面の穴や木の洞で寒さを凌ぐことができた。

こうして衝突の冬が終わると、哺乳類たちは強敵のいない安全な昼間にも進出し、しだいに勢力を拡大していく。

また北大西洋の火山活動が引き金となり地球は高温期を迎え被子植物の繁栄を促した。

古第三紀に多様化した哺乳類

哺乳類は、虫食、肉食、植物食へと食域を広げながら大陸ごとに独自に進化し、多様化を遂げていく❶❷。すでに絶滅したものも多いが、現在の地球で見られる哺乳類の大半はこの時期に出現した。

私たち人類の祖先ともいえる最初の霊長類も樹上で暮らす哺乳類から生まれた❸。

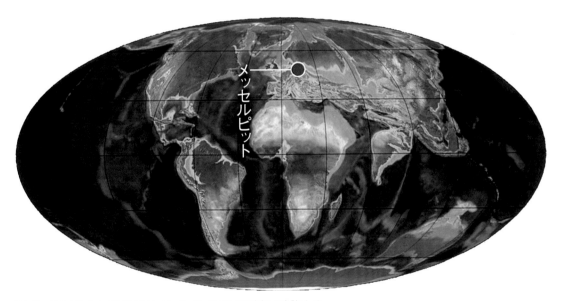

❷古第三紀の大陸分布。南北アメリカ、ヨーロッパ、インドなどは孤立した大陸だった

❸初期の霊長類カルポレステス

多種多様な化石を産する メッセルピット

稀に見る保存の良さ

ドイツの南西部、フランクフルトの近郊にオイルシェール（頁岩）からなる楕円形の大きな凹地がある❹。

ここから極めて保存状態の良い多種多様な化石が大量に出土する。完全骨格は勿論、筋肉や内臓、胃の内容物や元の色などを留める化石4万点以上が採取されている❺❻❼。

メッセルピットとは

ここは、元は火山の爆裂火口に水が溜まった火口湖だった❽。

約4800万年前、メッセルピットは今より緯度で10度ほど南にあり❷、地球全体が高温化する中、湖は亜熱帯の環境下で豊かな生態系を育んでいた。

とりわけ大量に出土する哺乳類の中には初期のウマや霊長類❼が含まれるなど、進化の過程を紐解く上で重要な化石がある。

保存状態が良い理由

化石の保存状態が良い理由として次の2点が考えられる。

①火山ガスの噴出

かつてアフリカのカメルーンで住民1800人と家畜3500頭が突如窒息死する大惨事があった。原因は近くの火口湖から噴出した大量の二酸化炭素だった。同じような現象がメッセルピットでも起き、短時間にたくさんの生き物が犠牲になったと考えられる。

②酸欠状態の湖

亜熱帯に位置したメッセルピット湖は流出入する河川もなく藻類が繁茂して富栄養状態にあったため、湖は酸欠状態で遺体の多くが腐敗分解を免れ保存されたと考えられる。

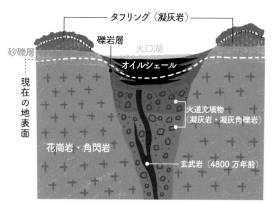

❹メッセルピット。1km×0.7km

❺くん製のように細部まで保存された淡水魚パーチ

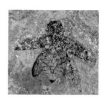

❻原色を保つ美しい昆虫（甲虫）

❼保存状態の良い初期霊長類のダーウィニウス（別名：イーダ）。体長約25cm。胃腸の内容物も残っている

❽メッセルピット断面図。爆裂火口湖に化石を含む頁岩（オイルシェール）が堆積した

タフリング（凝灰岩）
礫岩層
火口湖
砂礫層
オイルシェール
現在の地表面
火道充填物（凝灰岩・凝灰角礫岩）
花崗岩・角閃岩
玄武岩（4800万年前）

PS.

メッセルピットの化石

- ウマ、ネズミ、霊長類など哺乳類多数
- ワニ、カエル、カメなどハ虫類・両生類
- 水棲、陸棲の昆虫、数千点
- 多種多様な鳥類多数
- 多様な魚類1万点以上
- 椰子の葉、クルミ、花粉など植物の残骸

33 新期造山帯（大山脈）の形成 古第三紀〜第四紀

（億年前）	5.4	5		4		3	2.5	2		1 0.66	0.23	0 (現在)

古生代						中生代			新生代		
カンブリア紀	オルドビス紀	シルル紀	デボン紀	石炭紀	ペルム紀	三畳紀	ジュラ紀	白亜紀	古第三紀	新第三紀	第四紀

Point!

- ☑ 中生代末・古第三紀ころから始まった新期造山運動によって現在の大山脈が形成された
- ☑ ヒマラヤからアルプスにかけては大陸どうしの衝突によって造山運動が起きた
- ☑ 環太平洋の島弧・大陸縁ではプレートの衝突・沈み込みが造山運動の原動力となった

❶新期造山帯の山々。激しい隆起と侵食が険しい地形を造る

険しくも美しい山々が連なる新期造山帯

- サガルマータ国立公園 ネパール
- ユングフラウ スイス
- マチュピチュ ペルー
- カナディアン・ロッキー カナダ

カナディアン・ロッキー
ユングフラウ
サガルマータ国立公園
マチュピチュ

新期造山帯と古期造山帯

世界の山脈

世界には「山脈」とよばれる細長く連なる山地がある。ヒマラヤ山脈のように 8000m 級の険しい山々から、アパラチア山脈のように 1000m 前後のなだらかなものまで標高や地形はさまざまだ。

新期造山帯と古期造山帯

こうした違いには隆起と侵食が大きくかかわっている。

高く険しい山脈は隆起と侵食が激しいのに対し、なだらかな山脈はほとんど隆起せず侵食作用が卓越する。

中生代末ころから形成され始めた比較的新しい新期造山帯では、活発な隆起・侵食作用が起きているため高く険しい山脈ができやすい❶❷。

一方、数億年前に造山運動が起きた古い古期造山帯ではほとんど隆起せず侵食が進むためなだらかな山容となる❷。

新期造山帯のでき方

新期造山帯には 2 つのでき方がある。ヒマラヤとアルプスは大陸どうしの衝突❸、ロッキーやアンデスなどは海洋プレートの衝突・沈み込み❹が原動力になっている。

大陸衝突とサガルマータ／ユングフラウ

サガルマータ（ヒマラヤ）

インドとアジアの大陸衝突は 7000 万年前ころに始まり、古第三紀の 5000 万年前には両大陸の間にあったテチス海❺が消滅した。この海の堆積物は現在、標高 8848m のサガルマータ（エベレスト）の山頂に存在することから、大陸衝突によって地盤が 9000m 以上隆起したと考えられる（その詳しい仕組みについては p.39 に記した）。

インドの北上は今もつづいており、ヒマラヤ山脈は侵食量を差し引いても年間数mmの速さで隆起しているとされる。一方、世界の屋根ヒマラヤ山脈の形成はモ

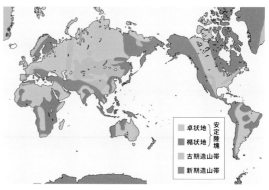

❷世界の造山帯と安定陸塊。新期造山帯は環太平洋地域とアルプス～ヒマラヤに分布する

卓状地	安定陸塊
楯状地	
古期造山帯	
新期造山帯	

❸新期造山帯に属するサガルマータ国立公園。左奥にエベレスト（サガルマータ、8848m）の山頂部分が見える

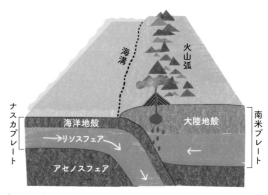

❹ナスカプレートの衝突がアンデス山脈と火山を造った

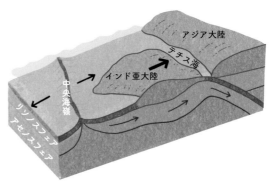

❺衝突直前のインド亜大陸

ンスーンをもたらし、アジアの稲作文化に大きな影響を与えている。

🌍 ユングフラウ（アルプス）

アフリカとヨーロッパの大陸衝突でできたアルプス山脈❼。この衝突に伴う衝上断層や押し被せ褶曲がナップとよばれる構造を造り、高い山々を形成したことは p.38 の「サルドナ地殻変動地域」に記した。

アルプス山脈でも侵食量を上回る隆起が続いており、1 年間でおよそ 1mm くらいの速さで山が高くなっているという。

❻アルプス山脈と峡谷群を削りながらユングフラウ、メンヒ、アイガーの 3 名峰から流れ出るアレッチ氷河

❼石灰岩や片麻岩・花崗岩のナップから成るアイガー、メンヒ、ユングフラウの 3 名峰

PS.
アフリカからやって来たマッターホルン

アルプスの 3 大名峰の 1 つマッターホルン（4478m）。その山容はエジプトのスフィンクスに似ているが、実は山体の上半分の片麻岩は遠くアフリカに起源を発し、断層の上を滑ってきたものだ。

その山体も今はヨーロッパの地層の上にどっしりと鎮座している。

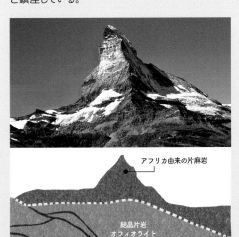

奥深いアンデス山中に潜むマチュピチュ

🌍 謎の空中都市マチュピチュ

熱帯の険しいアンデス山中に誰が何の目的で造ったのか。その謎が人々の歴史ロマンをかき立てるインカ帝国の天空都市マチュピチュ❽。

王の離宮、天体観測施設、宗教施設など諸説あるが、未だに謎に包まれたままだ。

❽アンデス山中にひっそり佇むマチュピチュ遺跡。険しい嶺々が活発な造山運動を物語る

遺跡は2億5000万年前（三畳紀）の花崗岩の尾根を切り拓き、その石を積み上げて造られている。神殿や住居など建造物の目的によって変わるものの、鉄器のない時代にどのように切り出し石を積み上げたのか、その技術力の高さには驚かされる。

山を持ち上げたプレート衝突

花崗岩は地下5〜10kmの深いところでマグマが冷え固まって形成される。その花崗岩を地表に持ち上げた力が、周囲より軽い花崗岩に働く浮力とプレートどうしの衝突による力だ❹。

その衝突は古第三紀ころに始まり、今なおアンデス山脈は隆起と激しい侵食を続けている。マチュピチュを取り囲む山々の険しさと峡谷の深さがそのことを物語る❽。

アンデス山脈には多くの活火山が見られるが、これもまた西から沈み込むナスカプレートによるものだ❹。

山々と氷河湖が美しい
カナディアン・ロッキー

美しい山々と氷河

険しくも美しい山々とターコイズブルーの氷河湖❶が観光客に人気のカナディアン・ロッキー❾。

険しい山々は新期造山運動の激しさを物語っているが、氷河による侵食作用の働きも大きい。

南北5000kmにわたって続くロッキー山脈の中でも、カナディアン・ロッキーはアメリカのロッキー山脈に比べ、より険しい。

その理由の1つに氷河の働きがある。氷河時代に氷河はカナディアン・ロッキーを広く覆い山々を削っていったが、アメリカではごく一部に留まった。この違いが現在の地形の違いを生み出していると思われる。

断層と褶曲が造った山脈

ロッキー山脈の形成は中生代のジュラ紀ころから始まり、北米プレートと太平洋プレートの衝突が原動力となって地層は大きく変形しながら隆起した。

アルプスと同じように断層を伴う押し被せ褶曲が山脈を押し上げ、険しいカナディアン・ロッキーの土台を造った。ジャスパーからエドモントンに向かう16号線沿いにその褶曲が露出する❿。

❾険しくも美しいカナディアン・ロッキー。氷河が発達する

❿カナディアン・ロッキーを造った押し被せ褶曲。プレート衝突が生み出した地質構造。ジャスパー

34 海へ戻った哺乳類（クジラ） 古第三紀

	古生代						中生代			新生代		
5.4	5		4		3	2.5	2		1	0.66 ▼ 0.23	0 (現在)	
(億年前)	カンブリア紀	オルドビス紀	シルル紀	デボン紀	石炭紀	ペルム紀	三畳紀	ジュラ紀	白亜紀	古第三紀	新第三紀	第四紀

❶ワディ・アル・ヒタン（クジラ渓谷）。乾燥したエジプトの砂漠にあり、テチス堆積物からなる

Point!

☑ 古第三紀になると、4億年前に海から陸へ上陸した脊椎動物の1部が再び海へ戻った。その理由や過程には未だ謎が多い

☑ その代表格クジラの化石バシロサウルスがエジプトの砂漠ワディ・アル・ヒタン（クジラ渓谷）で大量に発見された

化石の宝庫～海底が干上がってできた砂漠

• ワディ・アル・ヒタン（クジラ渓谷）
エジプト

海洋哺乳類の登場

陸から海への先祖返り

　私たち脊椎動物の祖先は、およそ4億年前のデボン紀に海から陸へと上陸した。その後、陸上では哺乳類など多種多様な動物が出現し繁栄を遂げている。

　ところが、白亜紀末の巨大隕石の衝突によって恐竜を始めとする生き物が大量絶滅したあと、哺乳類が空席となったニッチに進出し始めると意外なことが起きた。彼らの一部が陸から海へと向かい、デボン紀とは逆方向の進化が始まったのだ。海洋哺乳類クジラの登場だ。

　しかし、どのようにして水中生活に適応していったのか、いまだよくわかっていない。

バシロサウルスの登場

　原始的なクジラの化石は発見当初はハ虫類とみなされ「トカゲの王」を意味するバシロサウルスと名付けられていた❷❸。

　しかしその後の研究で哺乳類のクジラの祖先であることが判明。同時に発見された小型クジラ・ドルドンと共に一躍注目を浴びるようになった。特に水をかく前肢のヒレの部分に哺乳類の基本である5本の指が残っていること、後肢が消滅寸前にある点が注目される❹。

クジラの化石の宝庫
ワディ・アル・ヒタン

調査を促進した4輪駆動車

　大量のクジラの化石が見つかったのは海から遠く離れたエジプトの砂漠だった。

　ワディ・アル・ヒタン（クジラ渓谷）とよばれるこの場所は、首都カイロの南西150kmにある。道なき砂漠にあるためアクセスが難しく調査は困難を極めたが、砂漠でも走れる4輪駆動車が登場すると調査がいっ気に進んだ。

❷発掘現場に展示されたバシロサウルス

❸バシロサウルスの復元図。チータの走行時のように上下に体をくねらせて泳いだ

❹ドルドンの骨格復元。前肢には5本の指があり、後肢は小型化し消滅寸前にある

渓谷の価値

クジラ渓谷からは最初期のクジラとあわせて、サメ、エイ、ワニ、カメなどたくさんの化石が発掘された。特にクジラ類の化石の密集度や保存状態の良さは世界的に類がない。

さらに当時のマングローブ林の一部が化石化して保存されているなど❺、環境や生態系の復元も可能だ。また渓谷はかつての海底地形の面影を残していると考えられている❶❻。

こうした類い希な価値が高く評価され、世界遺産に登録された。

テチス海の一部だった渓谷

クジラ渓谷は4000万年前ころにテチス海(古地中海)で堆積した砂岩、頁岩、石灰岩などからなる。

当時はアフリカ大陸がヨーロッパ大陸に衝突しつつあり、テチス海は縮小する傾向にあった。そのため海はしだいに浅くなり、3700万年前ころには海岸にマングローブの森が広がっていたと考えられている❺。

肉食性のクジラ

クジラ渓谷では3種類のバシロサウルス科のクジラが発見されている。最大のものはバシロサウルス・イシスで、体長は推定21mにもなる。

彼らは肉食性の陸上哺乳類のものに似た鋭い歯を持つことや、化石化した胃の内容物からサメや多種多様な魚が見つかっていることなどから、彼らは貪欲な肉食性だったことがわかっている。

陸から海への痕跡

渓谷で出土したクジラと現生のものと比べると、体は細長くウナギのように体をくねらせて泳いでいたと思われる。しかしウナギのような左右の運動ではなく陸上哺乳類チータと同じように上下運動をしていたと推測されている❸。

こうした特徴と前後のヒレに5本の指が残ることなどを考え合わせ、クジラ類は陸上哺乳類が海へと戻っていった可能性が高いとされる。

まだ謎も多いが、最近ではクジラは偶蹄類のカバと同じ祖先から進化したのではないかと考えられている。

バシロサウルスの化石発掘地点

化石化したマングローブ

❺化石化したマングローブの森。奥に見るビュートの地層からはバシロサウルスの化石が発掘された

❻クジラ渓谷の野外展示。このあたりでは原始的なクジラの骨が多数発掘されている

35 地中海の消滅と再生
新第三紀

(億年前)			古生代					中生代			新生代		
5.4 5 4 3 2.5 2 1 0.66 0.23 0 (現在)													
	カンブリア紀	オルドビス紀	シルル紀	デボン紀	石炭紀	ペルム紀	三畳紀	ジュラ紀	白亜紀	古第三紀	新第三紀	第四紀	

アルプス山脈
大西洋
スペイン
モロッコ

❶海が干上がり砂漠と化した地中海。この事変はメッシニアン塩分危機とよばれる

Point!

☑ 597万年前にジブラルタル海峡が閉じたため、地中海が干上がり砂漠化するメッシニアン塩分危機が起きた

☑ 533万年前には再び海峡が開き大洪水が発生。地中海が再生した

☑ その痕跡がスペインの世界遺産イビサ島とアルハンブラ宮殿で見られる

フランス
アルハンブラ宮殿　イタリア
ギリシャ
スペイン　●イビサ島
トルコ
地中海
モロッコ
アフリカ大陸

地中海消滅の痕跡が見られるところ

- イビサ島 スペイン
- アルハンブラ宮殿 (文化遺産) スペイン

地中海が干上がった

ジブラルタル海峡の閉鎖

きらめく太陽と紺碧の海が広がる地中海❷。この穏やかな海もかつて完全に干上がり、塩の砂漠と化す一大事変（メッシニアン塩分危機）を引き起こしたことがある❶。

597万年前、地中海と大西洋をつなぐジブラルタル海峡が閉じ地中海の蒸発が始まった。海水は増減を繰り返しながら徐々に減少し、560万年前ころには塩の砂漠に変わり果てたという。

今の穏やかな姿からは想像しがたいが、謎を解くカギはスペインやシチリア島、そして地中海の海底に厚く堆積している岩塩などの蒸発岩だ。

干上がる地中海

地中海は雨が少なく蒸発が盛んなため外洋に比べ塩分濃度が高い。そのため大西洋からの海水の流入が途絶えると数千年で海水がなくなり干上がってしまうともいわれる。その際に海水から岩塩や石膏などの蒸発岩が晶出し堆積する。

地中海が干上がりアフリカとヨーロッパが陸続きになるとたくさんの動物が両大陸を行き来できるようになる。孤島の動物は競争相手が少なく小型になりやすいと言われるが、シチリア島で発見された小型のゾウの化石も孤立化した島で進化した証ではないかとして注目されている。

ジブラルタル海峡が閉じた原因はアフリカとヨーロッパの大陸衝突だった。

大洪水の発生と地中海の再生

地中海が閉じて64万年たった533万年前、逆に大西洋から突如として海水が流入❸。両者を隔てていた陸橋の一部が決壊したのだ。この洪水は凄まじく、水量はナイアガラの滝の4万倍、落差1200m、地球史上最大級の巨大滝を生み出したという。

今なお大陸衝突は続き、海峡は年間4〜8mmずつ狭まっている。地中海が再び干上がるときが来るかもしれない。

❷現在の地中海。スペインとモロッコの間にある幅14kmのジブラルタル海峡で大西洋とつながる

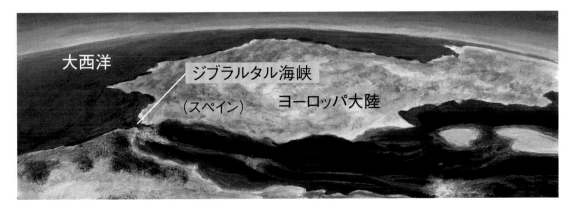

❸地中海を再生させた史上最大級の大洪水

地中海の消滅とイビサ島

🌏 海面低下による地層の変形

　地中海に浮かぶイビサ島❷はアフリカ大陸の北上によって海底が押し上げられてできた島だ。この島は生物の多様性と歴史的景観が評価され世界複合遺産となったが、島とその周辺海域は干上がった地中海の謎を紐解く上で重要な場所でもある。

　島の北部の海岸で見られる地中海消滅直前の堆積物（主に石灰岩）は大規模に滑ったり引き延ばされたり変形が激しい❹。海面の急激な低下によって地層が海側（北）に向かって滑ったのだ。

　また周辺の海底には蒸発岩の石膏や岩塩が厚く堆積している❺。

石膏を多用した
華麗なアルハンブラ宮殿

🌏 高度なイスラム文化と石膏

　スペインのグラナダにあるアルハンブラ宮殿❻。かつてイスラム王朝の王宮として造られ、その優美な装飾はイスラム文化の最高傑作とされる。

　グラナダの南には地中海の蒸発の際にできた石膏の鉱山がある。その石膏はいま宮殿の装飾に姿を変え人々の目を楽しませている❼。

❹イビサ島北部の海岸。地中海消滅直前まで形成されつつあった石灰岩の地層が急激な海面低下によって海の方へ滑っていった様子が記録されている（写真上部）

大西洋　イビサ島　イタリア　黒海　スペイン　ギリシャ　グラナダ　トルコ　アフリカ

石膏／岩塩／石膏のユニット
未分化な石膏ー岩塩
石膏

❺地中海に広く分布する蒸発岩。一部は陸上、大半は海底にある

❻アルハンブラ宮殿

❼アルハンブラ宮殿のバルコニー。装飾には地中海の蒸発によってできた石膏が多用されている

36 人類の誕生と進化
第四紀

(億年前)	古生代						中生代			新生代		
	カンブリア紀	オルドビス紀	シルル紀	デボン紀	石炭紀	ペルム紀	三畳紀	ジュラ紀	白亜紀	古第三紀	新第三紀	第四紀

5.4　5　4　3　2.5　2　1　0.66　0.23　現在

Point!

☑ 人類は700万年前にアフリカで誕生し、猿人、原人、旧人、新人と進化し現代に至る

☑ 初期人類の化石の大半は東アフリカ大地溝帯で発見されており、地溝帯は人類進化の舞台となっていた

☑ 世界自然遺産のエリア内で人類の進化をたどる上で重要な発見があった

❶オルドバイ渓谷。約100万年前の赤い地層の下60〜70mの層から人類学者リーキー博士たちが猿人の化石を発見し一躍有名になった

アワッシュ川
下流域

トゥルカナ湖
国立公園群

ンゴロンゴロ
自然保護区

人類進化のロマンをかき立てる大地

- ンゴロンゴロ自然保護区 タンザニア
- トゥルカナ湖国立公園群 ケニア

人類発祥の地 東アフリカ大地溝帯

人類の誕生

私たち人類の祖先・猿人はおよそ700万年前にアフリカで誕生したとされる。その後、原人、旧人、新人と進化し現代人に至っている。

初期人類の化石の大半は東アフリカの大地溝帯（p.46）で発見されており、環境の大きな変化が人類の誕生につながったと考えられる。

東アフリカではスーパー・プルームの上昇によって800万年前ころから隆起と陥没が始まった（p.47の図❹）。同時に乾燥化が進み、それまで熱帯雨林だった地域は木もまばらなサバンナへと変化。

この環境の変化に適応するように、それまで熱帯雨林で樹上生活をしていた類人猿の中から新たな世界を求めて草原へ下り立つ者が現れ、直立2足歩行が始まった。このグループがヒト＝猿人へと進化したのではないかと考えられている。

人類の多様な進化

タンザニアの地溝帯の地層からは猿人と原人がほぼ同時期の地層から出土する。このことは人類の進化が系統樹の1本の幹をたどるようなものではなく、何本もの枝を持つ多様なものだったことを示している。

ンゴロンゴロ自然保護区と 人類の化石

オルドバイ渓谷

タンザニアの北部に、たくさんの野生動物が暮らすンゴロンゴロ自然保護区がある❷（p.48）。

60年ほど前、その保護区内のオルドバイ渓谷❶❸で調査をしていた人類学者リーキー博士たちが、200万年ほど前の地層から猿人ボイセイ、次いで猿人と原人の中間的な特徴を持つホモハビリスの化石や石器を発見❹。

当初はここが人類発祥の地とされのちに否定されることになるが、今でもこの渓谷は人類学史上、記念すべき重要な場所となっている❸。

❷東アフリカ大地溝帯の世界遺産

❸オルドバイ渓谷の化石発掘現場とリーキー博士らの発見記念碑

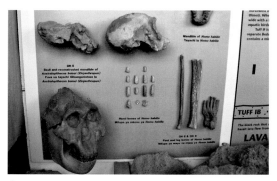
❹オルドバイ渓谷で見つかった化石
（下:アウストラロピテクス・ボイセイ／上:ホモハビリス）

 ラエトリ遺跡

　同じ自然保護区内にあるラエトリでは、アファール猿人の化石と共に2足歩行を示す足跡化石が出土❺。猿人が直立2足歩行をしていたことが確実となった。

　その鮮明な足跡は、近くに聳えるサディマン火山の火山灰の上に残されていた❺❼。この火山灰は、カーボナタイトとよばれる炭酸塩を多く含む特殊なものだったため、水と混ざり乾燥するとセメントと同じように固まり形が維持されるという幸運が重なったのだ。

猿人・原人の発見 ～トゥルカナ湖公園群

トゥルカナ・ボーイ

　ケニア北部の大地溝帯内に塩湖トゥルカナ湖がある❷。

　1984年、この湖の西岸で150万年前の地層から原人ホモハビリス「トゥルカナ・ボーイ」のほぼ全身骨格が発掘され話題となった❻。10歳前後の少年で身長160cm、脳の容積1000cc、小型ながら現代人に近い体型をしている。

　その後、この近くで猿人のケニアントロプス・プラティオプスも発見された。

❺ラエトリ遺跡の足跡。左は親子の跡。右は母親説もあるが不明

❻トゥルカナボーイの骨格化石と環境復元図

❼サディマン火山(左奥)の噴火で降り積もった特殊な火山灰(火成炭酸塩)の上を直立2足歩行するアファール猿人。❺の足跡化石を元に復元された想像図

159

37 氷河時代の襲来
第四紀

(億年前)	古生代						中生代			新生代		
	カンブリア紀	オルドビス紀	シルル紀	デボン紀	石炭紀	ペルム紀	三畳紀	ジュラ紀	白亜紀	古第三紀	新第三紀	第四紀

5.4　5　4　3　2.5　2　1　0.66　0.23　0 (現在)

Point!
- ☑第四紀になると氷河時代に突入し、氷期と間氷期を繰り返すようになった
- ☑原因は地球の自転軸や公転軌道の周期的変化にあるとするミランコビッチの説が有力
- ☑現在、世界の大半の氷河は縮小・後退しており地球の温暖化が進んでいる

❶氷河の一部が湖に崩落した直後のペリトモレノ氷河。ロスグラシアレス国立公園

さまざまな表情を見せる氷河
- ロスグラシアレス国立公園 アルゼンチン
- カナディアン・ロッキー カナダ
- アレッチ氷河 スイス
- ヨセミテ国立公園 アメリカ

カナディアン・ロッキー
アレッチ氷河
ヨセミテ国立公園
ロスグラシアレス

氷河時代に突入した第四紀

寒暖を繰り返す氷河時代

　258万年前から始まる第四紀は氷河時代ともいわれる。寒冷な氷期と温暖な間氷期を数万年周期で繰り返してきた。約1万年前に最終氷期が終わり現在は間氷期（後氷期）にあたる。私たちはたまたま氷河の少ない温暖な気候の元で暮らしている。

　氷期には蒸発した海水が雪氷として陸に固定されるため海面が低下する。最終氷期には海面が120m低下し、ベーリング海峡が陸化。人類や動物はシベリアから北米大陸へと移動した。間氷期には逆に海面が上昇し陸地が狭まる。

ミランコビッチ・サイクル

　氷期・間氷期を繰り返す理由については不明な点も多いが、今有力な説は地球の自転と公転の周期的な変化が日射量に影響し氷河時代をもたらしたとするミランコビッチの理論だ。

　現在の自転軸は公転軌道に対して23.4度傾いているが、その傾きは4万年周期で変化する❷。一方、地軸の歳差運動（コマのような首振り回転）は2万年周期、地球の公転軌道の離心率は10万年周期で変化する❷。

　これらの変化と実際の氷床の量を比較すると、10万年周期の離心率がその量と高い相関を示すことがわかる❸。つまり離心率の10万年周期の変化が氷期と間氷期の繰り返しに大きく影響し、これに自転軸の傾きの4万年周期、自転軸の回転の2万年周期が重なっていると考えられる。

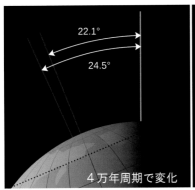
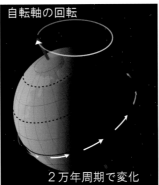

22.1°
24.5°
4万年周期で変化

自転軸の回転
2万年周期で変化

地球の公転軌道
離心率大
太陽
地球
離心率小
10万年周期で変化

❷地球の自転軸と公転軌道の変化

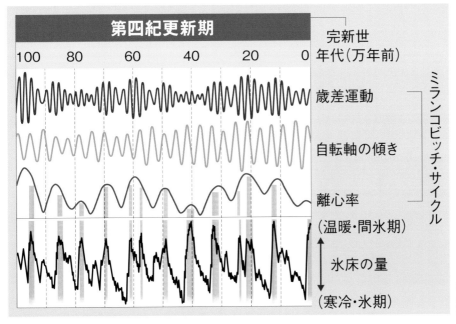

第四紀更新期　　完新世
年代（万年前）
100　80　60　40　20　0

歳差運動
自転軸の傾き　　ミランコビッチ・サイクル
離心率

（温暖・間氷期）
氷床の量
（寒冷・氷期）

❸ミランコビッチ・サイクルと氷床量の関係。特に離心率との相関が高い

161

世界第3位の大氷河 ロスグラシアレス

今も成長する氷河

南米パタゴニアには南極、グリーンランドに次ぐ世界第3位の規模を誇る氷河群・ロスグラシアレスがある。

その内の1つペリトモレノ氷河は南極ブナなどの広葉樹が生い茂る温暖な谷間を流れ下る❶。しかも1日に2mの速さでアルヘンティーナ湖にせり出し、温暖

化が進んでも後退することがない❹。上流の高地で大量の降雪があり、今なお氷河の形成が続いているからだ。大半の氷河が縮小するなか、こういう氷河は珍しい。

青く輝く氷河

日の光を浴びて青く輝くペリトモレノ氷河は、その美しさにおいても人気がある❶❹。

氷の中に取り込まれた空気が長期間圧縮されて抜け出し透明になった氷は、波長の長い赤い光を吸収し青い光を透過させるため青く見えると考えられている。

❹アルヘンティーナ湖に流れ出すペリトモレノ氷河。全長約30km、末端部の幅5km、高さ60m

大幅に後退する アサバスカ氷河

最終氷期の氷河

11万年前から1万1000年前まで続いた最終氷期。厚さ3～4kmの氷床が北半球の高緯度地方を広く覆っていた❺。

北米大陸ではニューヨークから5大湖、ロッキー山脈あたりまで、ユーラシア大陸ではアルプスやヒマラヤ山脈を始めイギリスからモスクワ、シベリア、カムチャツカあたりまで氷河に覆われていた。この図を見

ると、現在、先進国と言われる欧米諸国の大半が氷河に覆われていたことがわかる。

縮小・後退する氷河後氷期に入ってから地球は温暖化し氷河は大幅に縮小し、現在は南極とグリーンランド、アルプス、ヒマラヤなどの高山にその姿を留める。

世界遺産カナディアン・ロッキーのジャスパー国立公園のアサバスカ氷河もその1つだ❻。この氷河は、かつて北米を広く覆っていた大陸氷河の最南端に位置する。

しかし、ここにも急激な地球温暖化の影響が押し寄せ大幅に縮小。この100年間で1.5kmも後退し、最近では1年に20mの勢いで縮小している❼。1万年前に氷期が終わって氷河が後退し始めたとき、おそらく

❺最終氷期の北半球の氷河分布。厚さ3～4kmの氷床が高緯度地方を覆い、アルプスやヒマラヤも氷河に覆われている

❻最近のアサバスカ氷河。近年急激に後退している

❼1919年のアサバスカ氷河。100年で1.5km後退

ヨーロッパ最大の氷河 アレッチ氷河

合流する氷河

スイスの世界遺産アレッチ氷河は、4000m 級の山々の間を縫うように優美な曲線を描いて流れ下る❽。氷の厚さ 900m、幅 1.6km、長さ 23km は、ヨーロッパで最大だ。

この氷河では特に細長く伸びる 2本の黒い筋が目を引く❽。アイガー、メンヒ、ユングフラウの 4000m 級峰の山腹で形成され流れ出した 3本の氷河が途中で合流し、それぞれの氷河との境界に掃き寄せられた岩くずの丘が黒い筋となって見えるのだ。

モレーン（氷堆石）とU字谷

こうした堆積物はモレーン（氷堆石）とよばれ、氷河が削り取った砂や礫を運んできて堆積したものだ。一般に、氷河の側面や末端部、合流部分に形成される。氷河が消え去っても残されたモレーンから過去の氷河の存在を知ることができる。

アレッチ氷河もこの 100年の間に 2km も後退した。もし地球の温暖化がこのまま続き氷河が全て溶け去れば、谷筋に沿った細長いモレーンが際立つはずだ。そして 1つ南にあるローヌ谷のような緑に覆われた U字谷が出現するだろう❾。

❽ヨーロッパ最大のアレッチ氷河。アイガー、メンヒ、ユングフラウの3名峰から流れ下る。2本の黒い筋（モレーン）から氷河が3本合流し流れていることがわかる

❾アレッチ氷河の1つ南のローヌ谷。1万年前までは❽のように氷河が流れていた。地球の温暖化によってアレッチ氷河が消え去ると、このように緑に覆われたU字谷となる

氷河が造った渓谷
ヨセミテ国立公園

氷期の侵食作用

アメリカ西部のシエラネバダ山脈にある北米屈指の観光地ヨセミテ国立公園（p.134でも記した）。

巨大な岩壁と深い渓谷、大小無数の滝と緑豊かな渓流。神々の遊ぶ庭ともいわれる美しい景観は、巨大な花崗岩の山を厚さ1000mにもなる氷河が削ってできた自然の造形でもある。

今ではその氷河は見られないが、最終氷期には現在のアルプスやヒマラヤのような山岳氷河としてヨセミテを覆っていたのだろう。

氷河の痕跡

氷河は消え去っても特有の氷食地形や堆積物を残す。

たとえば不自然に置かれた大きな「迷子石」❿。氷河が運んできた石が、氷河が溶け去ったあと、その場に取り残されたものだ。

そして「鏡肌」⓫。氷河が流れる際に紙ヤスリのように岩の表面を磨いた跡だ。

逆に氷河が岩の表面に引っ掻き傷のような跡を付けることがあり「擦痕」⓬とよばれる。この線の方向から氷河が流れた方向が読み取れる。

また氷河は「U字谷」（p.134❼）やすり鉢状の地形「カール」⓭を造る。

❿氷河が運んできた迷子石。ヨセミテ

⓫氷河によって磨かれた鏡肌（ヨセミテ）

⓬氷河がつけた擦痕。上下の細長い線。カナダ・イエローナイフ

⓭氷河が削ったすり鉢状の地形カール（ヨセミテ）

38 超巨大噴火 人類への脅威 第四紀

(億年前)	5.4	5	4	3	2.5	2	1	0.66	0.23	(現在)

古生代						中生代			新生代	
カンブリア紀	オルドビス紀	シルル紀	デボン紀	石炭紀	ペルム紀	三畳紀	ジュラ紀	白亜紀	古第三紀	新第三紀	第四紀

❶イエローストーンの熱水プール。グランド・プリズマティック・スプリング。色の違いは熱水中に住むバクテリアや藻類の違いによって生じる

Point!

☑ 7万4000年前、トバカルデラの超巨大噴火によって人類は絶滅の危機に遭遇した

☑ 噴火で大量に吐き出された火山灰と火山ガスが地球を覆い、寒冷化（火山の冬）をもたらした

☑ 同規模の超巨大噴火がアメリカのイエローストーンで懸念されている

イエローストーン
国立公園

日本

太平洋

トバカルデラ

世界最大級のスーパー・ボルケーノ

• イエローストーン国立公園 アメリカ

超巨大噴火と
人類絶滅の危機

トバ・カタストロフ理論

　世界の人口は今80億に迫りつつある。しかし人類の遺伝子を調べると、人口の割には多様性を欠いているという。その原因は、7万年ほど前に環境が激変し人口がいっ気に減少したことにあるらしい。現代人はその危機をかろうじて生き延びたひと握りの集団の子孫だからではないかというのだ。

　ちょうど7万4000年前にスマトラ島のトバ火山で第四紀最大の噴火があった。この噴火で放出された大量の火山灰と火山ガスが日射を遮り、急激に気温が低下。火山の冬とよばれる地球の寒冷化が人類を存亡の危機に追いやったとするとつじつまが合う。

超巨大噴火とは

　トバ火山の噴火は凄まじいものだった❷。

　噴出したマグマの量は2800km³❸（琵琶湖の貯水量の100倍に相当）。このような噴火は超巨大噴火、あるいはカルデラ噴火ともよばれる。

　滅多に起きない噴火だが一度発生すると人類に壊滅的な被害を与える可能性がある。その1つとして今注目されているのが大きなカルデラをもつアメリカの国立公園イエローストーン火山だ❶❸。

❷トバ火山の超巨大噴火の始まり想像図。大規模火砕流が地表を流れる

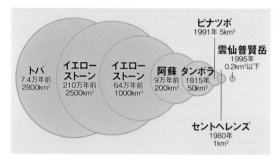

❸超巨大噴火のマグマ噴出量。トバとイエローストーンは突出して多い

超巨大噴火を起こした
イエローストーン

世界初の国立公園

　150年ほど前に世界で最初の国立公園に指定されたイエローストーン。四国の半分もある園内には手付かずの大自然が広がり、バッファローやエルク、オオカミ、グリズリーベアなどたくさんの野生動物が棲息する。公園を訪れる観光客の目的の1つがこうした野生動物との出会いだ❺。

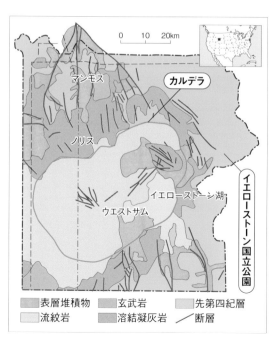

❹イエローストーンの地質図

❺地熱地帯での休息を終え川を渡るバッファローの群れ。観光客の目の前を悠然と通り過ぎる

また至る所に間欠泉や温泉、泥火山などの地熱地帯があり、イエローストーンは今も活発に活動する火山であることを実感させられる❶❺❻。

🌋スーパーボルケーノ

イエローストーンは 3つの巨大カルデラからなる世界最大級の火山だ❼。

巨大噴火は 210万年前、130万年前、64万年前に発生。最初の噴火はマグマの噴出量が 2500km³に達し❸❽、長径 85km のカルデラを形成❹。トバカルデラに匹敵する大噴火だった。仮にこの噴出物で日本列島をくまなく覆うと 7mの厚さとなり 2階建ての家は埋もれてしまうことになる。

❻一定の間隔で規則的に熱水を噴き上げる間欠泉オールドフェイスフル

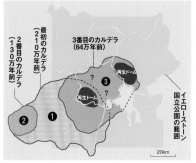

❼3つのカルデラからなるイエローストーン

🌋超巨大噴火が近づいている？

イエローストーンの噴火の休止期間はそれぞれ 80万年、66万年だ。最後の噴火は 64万年前。現在は次の超巨大噴火がいつ起きてもおかしくない時期にさしかかっている。

最近の研究でイエローストーンの地下には東西80km 南北 40kmにおよぶ世界最大のマグマ溜りが存在することがわかってきた。また大規模な隆起や地熱の上昇、活発な地震も観測され警戒感が高まっている。人類に壊滅的被害をもたらす噴火がそう遠くない未来に起こるかもしれない。

❽210万年前の噴火で堆積した溶結凝灰岩の崖

PS.
トバカルデラの超巨大噴火～人類絶滅の危機とコロモジラミ

7万 4000年前のトバ火山の噴火は第四紀で最大のものだった。火山の冬によって地球の平均気温は 5～ 10℃低下、およそ 6年間続いたとされる。その結果、当時数百万人と推定されたホモサピエンスはおよそ 1万人にまで激減。人類は絶滅の危機に直面した。

一方、人に寄生するシラミの遺伝子解析からちょうどこの頃、衣服に寄宿するコロモジラミが出現したことがわかってきた。つまり危機に直面した当時の人たちは衣服を発明し寒さを凌いだと考えられる。その末裔が私たち現代人だ。

39 ホモサピエンスの登場
第四紀

5.4	5		4		3	2.5	2		1	0.66	0.23	0 (現在)
(億年前)	古生代						中生代			新生代		
カンブリア紀	オルドビス紀	シルル紀	デボン紀	石炭紀	ペルム紀	三畳紀	ジュラ紀		白亜紀	古第三紀	新第三紀	第四紀

❶最古のホモサピエンスの化石が発見されたオモ・キビシュ遺跡の地層

Point!

- ☑ 私たちホモサピエンスは20万年前にアフリカで誕生した
- ☑ エチオピアのオモ川下流域は、猿人、原人、新人など多種多様な化石を産し、人類学には欠かせない貴重な場所となっている
- ☑ ホモサピエンスの繁栄の理由は大きな集団のサイズにあったと考えられる

多種多様な人類化石の宝庫

● オモ川下流域 (※文化遺産) エチオピア

現代人ホモサピエンスの祖先登場

ホモサピエンスの登場

人類は 700 万年前にアフリカで誕生して以来、多種多様な種が登場しては姿を消していった。最後に残ったただ 1 種の人類、それが私たちホモサピエンスだ。

その最古の化石がエチオピアのオモ川下流域で発見された❶❷。20 万（最近では 23 万？）年前のオモ 1、2 と名付けられた化石だ❸。

当時はまだ原人や旧人も暮らしていたが、その後なぜか姿を消してしまった。絶滅と存続、何がその違いを分けたのか、その理由とはいったい何だったのか。

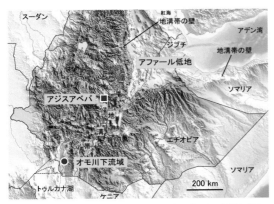

❷オモ川下流域の位置。東アフリカ大地溝帯の中でも、多種多様な人類化石を産する

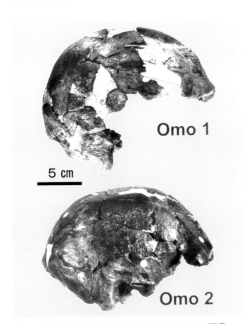

5 cm

Omo 1

Omo 2

❸オモ川下流域で出土した最古のホモサピエンスの頭骨

優れた文化的能力

ホモサピエンスとはラテン語で「賢いヒト」を意味し、絶滅した旧人や原人と比べて知的能力に優れていたとされる。

残された石器や遺品を調べると、シンボルの利用、言葉や道具の発明、計画的な行動、抽象的思考など、文化的知的能力が旧人や原人と比べかなり高かったことが窺える。

集団のサイズ

その背景に集団の大きさの違いがあげられている。

ホモサピエンスは多くの家族が集まり大きな集団を構成していたため、経験や文化の蓄積・継承に成功したのではないかという。

一方、少人数で暮らしていた旧人や原人の場合は、そうした蓄積・継承が難しいため種全体の文化的知的能力の向上に不利に働き、このことが生存競争に大きな影響を与えたのではないかと考えられる。

グレートジャーニー

アフリカで誕生した私たちホモサピエンスは、現在は世界の隅々にまで生活圏を広げている。私たちの祖先はいつアフリカを出発して世界各地に進出していったのか、最近そのグレートジャーニーの経路が明らかになってきた❹。

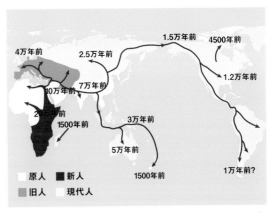

❹各人類の分布。赤線と年代はグレートジャーニーの経路と到達時期を示す

数百万年の人類史を刻む
オモ川下流域

🌍 人類進化のゆりかご

　その出発点の1つはエチオピアの南西部を流れるオモ川流域かもしれない。この川の下流域では猿人から新人まで多種多様な化石を産し、その中には最古のホモサピエンスも含まれる。ここは人類の進化を探る上で欠かせない貴重な場所だ。

　ホモサピエンスの化石は1967年のリーキー博士たちの調査で発見されていたが❸❺、あまり注目されることはなかった。ところが30数年後の再調査❻の結果、その化石は20万年前の最古のホモサピエンスであることが判明。一躍脚光を浴びるようになった。

PS.
30万年前のモロッコの人類化石の謎

　最近になって、北アフリカのモロッコですでに発見されていた化石が30万年前のホモサピエンスではないか、という見方が浮上。現在その真偽をめぐって議論が交わされている。

　化石は成人前の個体4体と推定8歳の子ども1体の計5体。頭蓋骨や下あごの骨などが含まれていた。同時に石器や動物の骨、たき火の跡も見つかっている。もしこれらの化石がホモサピエンスであれば東アフリカ起源説が大きく揺らぐことになる。

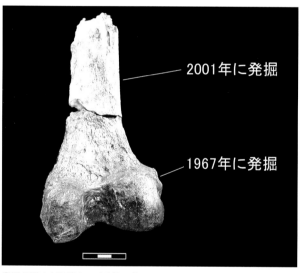

2001年に発掘

1967年に発掘

❺1967年から30数年の時を経てぴたりとつながった大腿骨の破片

❻オモ1サイトの再発掘調査。地層は20万年前の火山灰層か

🦴 精巧な道具

　化石とあわせて出土する石器や遺品にはかなり精巧なものが含まれる❼。たとえば動物の骨でできた返しの付いた針からは、釣りで漁をしていたことがわかる。つまり当時の人類は創意工夫のできる高い知能を有していたといえる。

❼化石と同じ地層から出土した石器。かなり精巧に作られている

170

40 氷河とアイソスタシー
第四紀

5.4	5	4	3	2.5	2	1	0.66	0.23	0 (現在)

（億年前）

古生代						中生代			新生代		
カンブリア紀	オルドビス紀	シルル紀	デボン紀	石炭紀	ペルム紀	三畳紀	ジュラ紀	白亜紀	古第三紀	新第三紀	第四紀

Point!

- ☑ 水に浮かぶ氷のように、比較的軽い地殻は重く流動性のあるマントルに均衡を保つように浮かんでいる、とする考え方をアイソスタシーという

- ☑ この説を裏付ける現象がスカンジナビア半島で見られる。氷期に堆積した氷河による荷重から解放された地域では地盤の隆起が続いている

❶氷河が溶けて隆起を続ける海。洗濯板のような細長い島の並びはデ・ギア・モレーンとよばれる氷堆石。氷河が運んできた砂礫層からなる

ハイ・コースト

フィンランド

スウェーデン

ボスニア湾

クヴァルケン群島

大 西 洋

氷河が融けてリバウンドする大地

- ハイ・コースト スウェーデン
- クヴァルケン群島 フィンランド

アイソスタシーと
スカンジナビア半島

🌐 アイソスタシー

　水に浮かぶ船は荷重と浮力のバランスを保つため、荷物を積み込むと沈み、逆に降ろすと浮き上がる。

　同じようなことが地球でも起きている。地球が寒冷化して陸地が氷河で覆われると、その重みで陸地(地殻)は沈み、逆に氷河が溶け去ると隆起する❶❷❸。

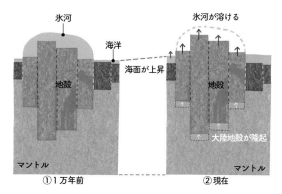

❷スカンジナビア半島の隆起量。氷河が融け去り、過去1万年間に最大300mほど隆起した

🌐 浮き上がる大地

　北欧のスカンジナビア半島は、氷河の消長に応じてアイソスタシー説の通りに大地が浮き沈みする場所として知られる。氷河が溶け去ったあと、この1万年間で最大300m隆起したとされる❷。

かつて海に沈んでいた
ハイ・コースト

🌐 旧海底を歩くトレッキング

　スウェーデン東部のハイ・コーストは、ボスニア湾の中部に位置し、その名の通り断崖と入り江、たくさんの島々と湖からなり、複雑な地形をしている❹。ここはスウェーデンで最も人気のあるトレッキングエリアでもあるが、1万年前まではほとんどが海底だった。

　マントルは固体だが、流れ下る氷河のように長い時間スケールで見ると液体のような流動性を持ち、比較的軽い地殻は重いマントルの上に均衡を保つように浮かんでいると考えられる。

　そこで地殻はその上に氷河が堆積したり溶け去ったりすると、船のように浮き沈みし、バランスを保とうとする。

　このようにして地殻の荷重とマントルによる浮力は釣り合っているとする考え方はアイソスタシー(地殻均衡説)とよばれる。

❸アイソスタシーの考え方

（図中ラベル）氷河　海洋　海面が上昇　氷河が溶ける　地殻　大陸地殻が隆起　マントル　①1万年前　②現在

❹スウェーデンのハイ・コースト。沖に浮かぶ島々はアイソスタシーによる隆起によってできた

かつての海岸線　286m

❺1万年前の海岸線を留めるスキューレ山。当時は右上の部分が海の上にあった

しかしスカンジナビア半島を厚く覆っていた氷河が溶け始めると、その重みから解放された大地がリバウンドし、最大で約300m隆起❷。たくさんの島々や入り江、湖沼は氷河による侵食と後退、大地のリバウンドによって形成されたものだ。

今でも大地の隆起は続き、1年に1cmほど上昇している。これは知られる限り最も大きいリバウンド（アイソスタシー）とされ、このまま隆起が続けば1万年後にはボスニア湾はヨーロッパ最大の湖と化すと予想される。

スキューレ山

ハイ・コーストの小さな町ドックスタの北に標高296mの岩山スキューレ山がある❺。岩肌が露出するこの山も山頂にだけはなぜか深い森がある。

この山頂部分は、氷期には海抜10mほどの小島をなし、現在の森以外の岩山部分は海に沈んでいたという。山頂には森の形成に必要な土壌の元となる土砂が堆積していたため、森の形成が可能になったと考えられている。

大小無数の島が浮かぶ クヴァルケン群島

拡大を続ける陸地

5600もの島々からなるフィンランドのクヴァルケン群島は、ボスニア湾を挟んでハイ・コーストの東約80kmにある❻。

ここも氷河の後退による大地のリバウンドで1年あたり9mmの速度で海底が隆起し、毎年、東京ディズニーランド2つ分に相当する1km²もの陸地が新たに誕生している。海に浮かぶたくさんの小さな島々はこの隆起によってできたものだ❻。

およそ11万年前から始まった最終氷期には、氷河の厚さはクヴァルケン群島やハイ・コーストあたりで約3000mもの厚さに達したと推定されている。これは1m²あたり2700トンもの氷の重みが大地にかかっていることに相当する。

クヴァルケン群島は、そんな氷の働きと大地のリバウンドを目の前の地形から感じ取ることができる世界でも稀な場所なのだ❼。

❻クヴァルケン群島の地形（フィンランド）

❼隆起を続けるクヴァルケン群島の海岸。細長いモレーンの島が並び洗濯板のように見える

おわりに

　ユネスコが認定する世界遺産は2021年7月現在、1,157件あり、そのうち世界自然遺産には複合遺産を含め257件が登録されている。それらは多様性や美しさに満ちた地球の価値を教えてくれる貴重な場所だ。

　ユネスコは世界自然遺産について登録理由を4つ掲げている。その中では、「卓越した自然現象や、類まれな自然の美しさと美的重要性を持つ地域を含むこと」のほか、「生命の記録、または地形の発達に重要な現在進行中の地質学的プロセス、あるいは重要な地形学的・自然地理学的特徴を含んでいて、地球の歴史の主要な段階を表す傑出した例である」、という評価基準がある。つまり世界自然遺産には面白い地形・地質現象や地球の成り立ちを知る上で欠かせない貴重な場所が登録されているのだ。自然遺産を訪れる際にはこうした登録理由やその具体的な内容を調べてから見て歩くと地球そのものへの理解と楽しみ方が深まるに違いない。

　本書は地球の成り立ちをテーマに据え、世界遺産の中で自然遺産に焦点をあて、250余りの自然遺産の中から地球のいとなみと地球史上の重要イベントとして象徴的な場所62カ所（文化遺産4カ所を含む）を選んだ。地球最古の岩石や化石、全球凍結など、地球史上の事件を記録する場所が抜けているとはいえ、選ばれた世界自然遺産から地球の成り立ちといとなみのエッセンスを味わうことができる。

　本書では、まず第1部で現在進行中の地球のいとなみを扱うが、第2部では生物進化や地球環境の変遷をたどりながら、それぞれの自然遺産が持つ普遍的価値と魅力に迫っていく。本書はそうした順序の構成になってはいるが、どこからでも読むことができて大まかな内容の把握ができるように、数多くとりいれた写真や図版の配置に工夫がなされている。本書を通じて、地球の素晴らしさや不思議さに気づき、現地を訪れようと思い立っていただければ大変ありがたい。

　なお、本書では敢えて言及しなかったが、世界遺産には、ごくわずかではあるが危険遺産と呼ばれるリストが存在する。これは、さまざまな理由でその場所が「顕著な普遍的価値」を損なうような重大な危機にさらされている遺産のリストだ。世界遺産条約の採択は、ヌビア遺跡群救済の経験を踏まえて行われたものであり、地球そのものが持続可能であるために、私たち人類の一人ひとりができることに関心を持ってほしいと切に願っている。

2024年4月
監修　竹内 章

第1部 地球のいとなみ

第1章 プレートテクトニクス

01 海洋プレートが生まれる中央海嶺

❷世界のプレート分布図：U.S. Geological Survey Department of the Interior/USGS（https://commons.wikimedia.org/wiki/File:Plates_tect2_ja.svg）の図を元に作成

❸新たなプレートが造られる発散境界：NOAA National Centers(NCEI)（https://www.ngdc.noaa.gov/mgg/image/color_etopo1_ice_low.jpg）に加筆・修正

❺アイスランドを横切る中央海嶺：U.S. Geological Survey Department of the Interior/USGS（https://pubs.usgs.gov/gip/dynamic/understanding.html）の図を元に作成

❼1963年に誕生した火山島スルツェイ：©Yonidebest（https://commons.wikimedia.org/wiki/File:Surtsey_from_plane,_1999.jpg）

❽スルツェイ島・スルツェイ式噴火：©NOAA National Centers(NCEI)（https://commons.wikimedia.org/wiki/File:Surtsey_eruption_2.jpg）

---

02 海洋プレートが衝突して沈み込む火山帯

❶エトナ火山2006年の噴火：©Romgiovanni（https://commons.wikimedia.org/wiki/File:Etna_2006.jpg）

❷世界の活火山の分布Map：U.S. Geological Survey Department of the Interior/USGS（https://commons.wikimedia.org/wiki/File:Map_plate_tectonics_world.gif）を元に加筆・修正

❸沈み込み帯の火山のでき方：各種資料をもとに作成

❺ストロンボリ式噴火：©Wolfgang Beyer（https://commons.wikimedia.org/wiki/File:Stromboli_Eruption.jpg）

❻宇宙ステーションから撮影されたエトナ噴火：©NASA Johnson Space Center（https://commons.wikimedia.org/wiki/File:Etna_eruption_seen_from_the_International_Space_Station.jpg）

❽州都近郊にあるアバチャ火山：©kuhnmi（https://commons.wikimedia.org/wiki/File:Avachinsky_Volcano_(23682444539).jpg）

❾オーストラリアプレートと太平洋プレート：山中 佳子（名古屋大学 大学院環境学研究科 准教授）/日本共産党中央委員会，しんぶん赤旗「NZ地震 複雑なプレート運動が背景」，図2，(2011), https://www.jcp.or.jp/akahata/aik10/2011-02-24/2011022414_02_1.html）の図を元に作成

⓬知床連山：©663highland（https://commons.wikimedia.org/wiki/File:140829_Ichiko_of_Shiretoko_Goko_Lakes_Hokkaido_Japan01s5.jpg）

---

03 プレートがすれ違うトランスフォーム断層

❶乾燥した気候のカリフォルニア湾：©Fulvio Spada（https://commons.wikimedia.org/wiki/File:Bahia_Concepcion,_Baja_California_(432547215).jpg）

❷ファンデフカ海嶺とトランスフォーム断層：PanoraGeo（「アメリカ合衆国西部のテクトニックマップ」，http://photo-kataru.com/T002_SanAndreasFault.htm）の図を元に作成

❺乾燥低木林が覆うティブロン島：©Stephen Marlett（https://commons.wikimedia.org/wiki/File:Infiernillo_Tiburon_Island.JPG）

❻カリフォルニア州から続くサンアンドレアス断層：NASA Johnson Space Center（https://commons.wikimedia.org/wiki/File:Baja_peninsula_(mexico)_250m.jpg）に加筆・修正

❼トルトゥーガ島：©PanoraGeo（ http://photo-kataru.com/T002_SanAndreasFault.htm）

❽サンルイス島：©スミソニアン協会／Keith Sutte（https://volcano.si.edu/gallery/ShowImage.cfm?photo=GVP-10203）

04　火山活動が活発なホットスポット

❶ホットスポット・キラウエア火山の噴火：©U.S. Geological Survey Department of the Interior/USGS （https://hvo.wr.usgs.gov/multimedia/uploads/multimediaFile-2062.jpg）

❷主なホットスポット火山の分布：U.S. Geological Survey Department of the Interior/USGS （https://commons.wikimedia.org/wiki/File:Tectonic_plates_hotspots-en.svg）の図を元に作成

❹ホットスポットとプレート運動の軌跡：U.S. Geological Survey Department of the Interior/USGS （https://commons.wikimedia.org/wiki/File:Hawaii_hotspot.jpg）に一部加筆

❻ガラパゴス諸島：Eric Gaba （https://commons.wikimedia.org/wiki/File:Galapagos_Islands_topographic_map-blank_(2).png）に一部加筆

❼ガラパゴス諸島周辺のプレート分布図：Dr. Janet Sumner-Fromeyer／GALAPAGOS - Geology and Climate （http://www.ms-starship.com/sciencenew/galapagos_geology.htm）の図をもとに作成

❽バルトロメ島と対岸のサンティアゴ島：©Pete （https://commons.wikimedia.org/wiki/File:Bartoleme_Island.jpg）

❾レユニオン・ホットスポットが生み出した火山島の列：NASA Johnson Space Center,WorldWind （https://worldwind.arc.nasa.gov/）に一部加筆

⓭チェジュ島の地質と火砕丘：Lee Moon Won，岩石鉱物鉱床学会誌「Geology of Jeju Volcanic Island, Korea」p.77 （1982）の図を元に作成

05　プレートテクトニクス理論の発展

❷グロス・モーン国立公園の地図：©Boldair （https://commons.wikimedia.org/wiki/File:Gros_Morne_National_Park_map-en.svg）

❸パンゲア大陸とグロス・モーン：The Gros Morne Co-operating Association （2015）／「Rocks Adrift」の図を一部改変

❺グロス・モーンで起きた島弧の衝突：The Gros Morne Co-operating Association （2015）／「Rocks Adrift」の図を一部改変

❼グロス・モーン国立公園の地質：The Gros Morne Co-operating Association （2015）／「Rocks Adrift」の図を元に作成

❽10億年前の超大陸ロディニア：John Goodge （https://antarcticsun.usap.gov/AntarcticSun/science/images2/rodinia_map.jpg）の図を元に作成

❾分裂し始める超大陸ロディニア：［左写真］©Snuffy （https://www.flickr.com/photos/snuffy/48065893563/sizes/l/）／［中央写真］©St-Onge et al., 2020. Archean and Paleoproterozoic cratonic rocks of Baffin Island. Geological Survey of Canada Bulletin 608. ／［右図］国立研究開発法人海洋研究開発機構，「シミュレーションで大陸移動の再現に成功！」，「図10　超大陸を分裂させる力として有力視された2つの考え」，（2015），https://www.jamstec.go.jp/j/pr/topics/quest-20151001/）を元に改変

❿海底地滑り堆積物：©Alphacetie （https://commons.wikimedia.org/wiki/File:Green_Point_2.jpg）

⓫美しい西ブルック・ポンドのフィヨルド：©Jcmurphy （https://commons.wikimedia.org/wiki/File:Gros_Morne_Western_Brook_Pond.jpg）

第2章　大陸の衝突と分裂

06　大陸どうしの衝突

❶アジア大陸に衝突するインド：©NASA Johnson Space Centerの写真に一部加筆

❷大陸どうしの衝突でできる大山脈：USGS （https://web.archive.org/web/20060203215136/http://pubs.usgs.gov/publications/text/understanding.html）の図を一部改変

❸ヒマラヤを構成する3列の山並み：©ArmouredCyborg （https://commons.wikimedia.org/wiki/File:Himalayan_view_from_Mussoorie_Dhanaulti_Road_18.jpg）

❹5000万年前に衝突を始めたインド亜大陸：USGS （https://pubs.usgs.gov/gip/dynamic/himalaya.html）を一部改変

❺サガルマータ国立公園：©Santabazz（https://commons.wikimedia.org/wiki/File:Sagarmatha_national_Park.jpg）

❻ヒマラヤ山脈の地質断面図：酒井治孝／東海大学出版会，「ヒマラヤの自然誌」（1997）の図を元に作成

❼滑り落ちるテチス堆積物：USGS（https://www.usgs.gov/media/images/snow-mt-everest-sublimates-heat-sun-vapor）に一部加筆

❽グラールス衝上断層：©Christian Heine（https://commons.wikimedia.org/wiki/File:Glarus_Thrust_Fault_in_Switzerland_2018.jpg）

❿ナップのでき方：ユネスコ・Buckingham（https://www.unesco-sardona.ch）（2011）の図を元に作成

⓫ユングフラウ地域の3大名峰：©Jackph（https://commons.wikimedia.org/wiki/File:EigerM%C3%B6nchJungfrau.jpg）

⓬ヨーロッパとアフリカの大陸衝突でできたアルプス山脈の地下構造：力武常次他「高等学校地学Ⅱ」数研出版（2003）の図を元に作成

07　大地を引き裂く大陸衝突

❶シェヌデピュイの火山群：©Pierre Soissons（https://whc.unesco.org/en/documents/129608）

❷新生代リフトシステム：ユネスコ提出文書「Dossier de candidature Chaîne des Puys & faille de Limagne sur la Liste du patrimoine mondial」（2012）の図を元に作成

❸新生代リフトシステムのでき方とシェヌデピュイ：ユネスコ提出文書「Dossier de candidature Chaîne des Puys & faille de Limagne sur la Liste du patrimoine mondial」（2012）の図を元に作成

❹シェヌデピュイの主な火山とリマーニュ断層：エディション・イリフネ（EDITIONS ILYFUNET SARL），Ovni navi，「〈特集〉火山の国、オーヴェルニュ。」／「シェーヌ・デ・ピュイ火山群とリマーニュ断層」，（2021），（https://ovninavi.com/火山の国、オーヴェルニュ。/）の図を元に一部改変

❺リマーニュ断層の西側に形成されたシェヌデピュイの火山群：ユネスコ提出文書「Dossier de candidature Chaîne des Puys & faille de Limagne sur la Liste du patrimoine mondial」（2012）の図を元に作成

❻リマーニュ地溝とシェヌデピュイ火山群：©Conseil Général du Puy-de-Dôme，"J.Way？"，（https://www.chainedespuys-limagnefault.com/the-site/presentation/#:~:text=The Limagne Fault, one of the site's major,and the resulting graben was infilled with sediments.）

❼ピュイ・ド・ドーム周辺の模式断面図：ユネスコ提出文書「Dossier de candidature Chaîne des Puys & faille de Limagne sur la Liste du patrimoine mondial」（2012）の図を元に作成

❽東側から望むシェヌデピュイ火山群：©Romary（https://commons.wikimedia.org/wiki/File:Opme_puy_de_dome.JPG）

08　大陸が分裂する東アフリカ地層帯

❶地溝帯の活動でできたキリマンジャロ山：©Amoghavarsha JS（https://commons.wikimedia.org/wiki/File:Elephants_at_Amboseli_national_park_against_Mount_Kilimanjaro.jpg）

❷東アフリカ地溝帯と活火山：USGS（https://pubs.usgs.gov/gip/dynamic/East_Africa.html）の図を改変

❸アフリカ大陸直下のホットプルーム：すじにくシチュー（https://commons.wikimedia.org/wiki/File:Plume_tectonics_japanese.svg）の図を元に作成

❹地溝帯から中央海嶺への発達過程：Hannes Grobe（https://ja.m.wikipedia.org/wiki/%E3%83%95%E3%82%A1%E3%82%A4%E3%83%AB:Ocean-birth_hg.png）の図を改変

❺2つに分裂する100万年後？のアフリカ：@2nacheki，"Africa is Splitting in Two at The Rift Valley to Form a New Continent"（https://www.youtube.com/watch?v=_Rxp3HQDUvY&t=41s）の画像に一部修正・加筆

❻宇宙から見た紅海とアカバ湾：NASA（https://images.nasa.gov/details-s66-54893）に一部加筆

❼地溝帯内にできた活火山キリマンジャロ：©Sergey Pesterev（https://commons.wikimedia.org/wiki/File:Kilimanjaro_from_Amboseli.jpg）

❽ンゴロンゴロ・クレーター（カルデラ）：©Thomas Huston（https://commons.wikimedia.org/wiki/File:Ngorongoro_Crater_Panorama.jpg）

❾地溝帯内で活動する火山群：Chartep（https://commons.wikimedia.org/wiki/File:Laetoli-Olduvai-Eyasi.jpg）に一部加筆

❿奇妙な噴火をするレンガイ山：©Clem23（https://commons.wikimedia.org/wiki/File:Lengai_from_Natron.jpg）

⓫引き裂かれるマラウイ湖：NASAのWorld Wind（https://af.wikipedia.org/wiki/L%C3%AAer:Lake_Malawi_34.60837E_11.93308S.jpg）で作成

⓬シクリッド科のムブナ：©Glenn Barrett（https://commons.wikimedia.org/wiki/File:Melanochromis_cyaneorhabdos.jpg）

09　大陸が分裂するバイカル地溝帯

❶様々な面で世界一を誇るバイカル湖：©Sergey Pesterev（https://commons.wikimedia.org/wiki/File:Lake_Baikal_in_winter.jpg）

❷アジアのプレート分布図：Eric Gaba（Sting）（https://commons.wikimedia.org/wiki/File:Tectonic_plates_boundaries_detailed-fr.svg）の図を元に作成／図中の立体図は©Thunderforestの図に一部加筆した

❸地震波から得られたバイカル湖の断面：USGS（https://pubs.usgs.gov/fs/baikal/）の図を簡略化

❹山地の三角末端面：©de:Benutzer:Sansculotte（https://commons.wikimedia.org/wiki/File:26_swiatoinos.jpg）

❺バイカル湖：©Sansculotte（https://commons.wikimedia.org/wiki/File:Baikal_ol%27chon_ri_s%C3%BCdosten.jpg?uselang=en）

❻バイカルアザラシ：©Nina Zhavoronkova（https://commons.wikimedia.org/wiki/File:Из_жизни_байкальской_нерпы_близ_Ушканьих_островов_02.jpg）

10　大陸分裂の爪痕が残る降水玄武岩

❶大陸分裂に伴う洪水玄武岩が造った景観：©code poet（https://commons.wikimedia.org/wiki/File:Causeway-code_poet-4.jpg）をトリミング

❷超大陸パンゲアの分裂が始まったころの想像図：©DeepTimeMaps referred by USGS　（https://deeptimemaps.com/map-lists-thumbnails/global-paleogeography-and-tectonics-in-deep-time/）

❸超大陸パンゲアの分裂：磯崎行雄（東京大学大学院 総合文化研究科 広域科学専攻 広域システム科学系），JT生命誌研究館，季刊「生命誌」44号，「大量絶滅　生物進化の加速装置」／「（図4）　地球内の要因が絡まって起きた古生代/中生代境界の大量絶滅」，（2004），（https://www.brh.co.jp/publication/journal/044/research_11）の図を元に作成

❹洪水玄武岩の分布：The Geological Society of London（https://www.geolsoc.org.uk/~/media/shared/images/misc/map.jpg?la=en）の図を元に作成

❺イグアスの滝：©Mariordo（Mario Roberto Durán Ortiz）（https://commons.wikimedia.org/wiki/File:Aerial_Foz_de_Igua%C3%A7u_26_Nov_2005.jpg）

❿石柱（柱状節理）のでき方：The National Trust(2002)「exploreジャイアンツ・コーズウェイ」の図を参考に作成

第3章　生物の進化

11　進化論を生み出した島

❷ガラパゴス諸島：NASAの図に一部加筆

❸ダーウィンの航海wikimedia：Darwins_Weltumseglung（https://commons.wikimedia.org/wiki/File:Voyage_of_the_Beagle.jpg）の図を元に一部改変

❹初版から第6版までの「種の起源」：©Wellcome Collection gallery（https://commons.wikimedia.org/wiki/File:6_editions_of_%27The_Origin_of_Species%27_by_C._Darwin,_Wellcome_L0051092.jpg）

❿ダーウィンフィンチのくちばし：©Charles Darwin「ビーグル号航海記」（1839）（https://commons.

wikimedia.org/wiki/File:En_naturforskares_resa_omkring_jorden_illustration_sida_336.png)

12　植物の多様な進化が見られる植物地域

❶ケープタウンの街の背後に聳えるテーブルマウンテン：ケーブルカー乗り場の看板を撮影

❷世界の植物区：環境省・自然環境局・生物多様性センター（http://www.biodic.go.jp/reports/2-2/aa010.html）の図を一部改変

❸沖合を流れる海流：Corrientes-oceanicas-en.svg（https://ja.wikipedia.org/wiki/%E6%B5%B7%E6%B5%81#/media/ファイル:Corrientes-oceanicas-en.svg）の図を一部改変

❹ケープ半島の地図：Oggmus（https://commons.wikimedia.org/wiki/File:Cape_Peninsula.jpg）の図を改変

❽南アフリカの国花キングプロテア：©Winfried Bruenken，Amrum（https://commons.wikimedia.org/wiki/File:Protea_P1010882.JPG）

第2部　地球の歴史

第4章　先カンブリア時代

13　隕石衝突と原始地球の誕生【冥王代・原生代】

❶フレデフォート・ドームの縁辺部の丘：©Ossewa（https://commons.wikimedia.org/wiki/File:Vaal_River,_Vredefort_Dome.jpg）

❷微惑星の衝突で成長する原始地球：PublicDomainPictures（https://commons.wikimedia.org/wiki/File:Earth_formation.jpg）に一部加筆

❸宇宙から見たフレーデフォート・ドーム：NASA（https://commons.wikimedia.org/wiki/File:Vredefort_Dome_STS51I-33-56AA.jpg）に一部加筆

❹ジャイアント・インパクト説による月の形成過程：Citronade（https://commons.wikimedia.org/wiki/File:Simple_model.png）を日本語に改変

❺フレデフォート・クレータの模式断面：Oggmus（2014）（https://commons.wikimedia.org/wiki/File:Vredefort_crater_cross_section_2.png）を元に作成

❻円錐形の条線シャッターコーン：© JMGastonguay（https://commons.wikimedia.org/wiki/File:ConePercussionCapAuxOiesCharlevoix.JPG）

❼シュードタキライト：©SARAO Hartebeesthoek, M Gaylard（http://www.hartrao.ac.za/other/vredefort/quarry3.jpg）

❽8隕石衝突の衝撃でめくれ上がった地層：©UNESCO, Francesco Bandarin（https://commons.wikimedia.org/wiki/File:Vredefort_Dome-113488.jpg）

14　地球初期の情報を留める山脈【太古代】

❶バーバートンマコンジュワ山脈：UNESCO, ©Tony Ferrar, https://whc.unesco.org/en/documents/165823）

❷標高600mバーバートン・マコンジュワ山脈：©Hansueli Krapf（https://commons.wikimedia.org/wiki/File:2013-02-25_13-30-08_South_Africa_-_Barberton_Barberton_7h.JPG）をトリミング

❸バーバートン緑色岩帯の地質：Morabiac（https://en.wikipedia.org/wiki/File:Simplified_geologic_map_of_the_Barberton_greenstone_belt.pdf）の図を一部改変

❹コマチアイト溶岩：©CSIRO（https://commons.wikimedia.org/wiki/File:Komatiite_Lava_in_South_Africa_-_CSIRO_ScienceImage_11033.jpg）

❻枕状溶岩から見つかったバクテリア「化石」：Mountainlands Nature Reserve，「BARBERTON / MAKHONJWA MOUNTAIN LAND　WORLD HERITAGE SITE TENTATIVE LIST SUBMISSION November 2007」，（https://www.mountainlands.co.za/wp-content/uploads/2016/08/WHS-FINAL-Barberton-Tent-list-submission-Nov-07-2.pdf）

❼スフェルール：Mountainlands Nature Reserve,「BARBERTON / MAKHONJWA MOUNTAIN LAND　WORLD HERITAGE SITE TENTATIVE LIST SUBMISSION November 2007」,（https://www.mountainlands.co.za/wp-content/uploads/2016/08/WHS-FINAL-Barberton-Tent-list-submission-Nov-07-2.pdf）

❽太古代に特有のコマチ川：©michael hogan（https://commons.wikimedia.org/wiki/File:Rio_Komati_gorge_cmichaelhoganlowres.jpg）

15　酸素の発生【太古代】

❸ストロマトライトの化石断面：©SNP（https://commons.wikimedia.org/wiki/File:Proterozoic_Stromatolites.jpg）をトリミング

❹ストロマトライトのでき方：大阪市立自然史博物館（http://www.mus-nh.city.osaka.jp/tokuten/2002plantevo/virtual/2/images/2_3_b.gif）を元に作成

❺現生のストロマトライト・ハメリンプール：NASA

16　地球史の博物館といえるグランドキャニオン【原生代～古生代】

❹グランドキャニオンの地層と化石：［立体柱状図］Maveric149 at English Wikipedia（https://commons.wikimedia.org/wiki/File:Grand_Canyon_geologic_column.jpg）の図を一部改変／［化石写真］グランドキャニオン国立公園（https://www.nps.gov/grca/learn/nature/fossils.htm）

❺コロラド川の侵蝕作用でできた深い峡谷：©Nankoweap by National Park Service（https://upload.wikimedia.org/wikipedia/commons/3/32/Nankoweap-colorado.jpg）

❻スケルトンポイント付近から見たコロラド川：©Imranchwilder（https://en.wikipedia.org/wiki/South_Kaibab_Trail／https://commons.wikimedia.org/wiki/File:Colorado_River_view_from_South_Kaibab_Trail.JPG）

❼峡谷のトレッキング・トレイル：グランドキャニオン国立公園の地図（https://www.nps.gov/grca/planyourvisit/upload/intro-bc-hike.pdf）を一部改変

17　太古の大山脈と山麓堆積物【原生代】

❷ウルルとカタジュタ：［地図］ビジターセンターの図を元に作成／［写真］©Leonard G.（https://commons.wikimedia.org/wiki/File:UluruClip3ArtC1941.jpg）

18　単細胞生物から大型多細胞生物への転換【原生代】

❶5億7000万年前のエディアカラの楽園の生き物たち：ジョンソン・ジオ・センターの展示写真

❷ディッキンソニア：©Verisimilus（https://commons.wikimedia.org/wiki/File:DickinsoniaCostata.jpg）

❸フラクトフスス：©Alicejmichel（https://commons.wikimedia.org/wiki/File:Ediacaran_fossils_Mistaken_Point_Newfoundland.jpg）

P.S　全球凍結：©Neethis（https://commons.wikimedia.org/wiki/File:Fictional_Snowball_Earth_1_Neethis.jpg）

❹頁岩層の表面に浮き出た化石：［写真］Mistaken Point Ambassadors Inc　UNESCOのNomination File（https://whc.unesco.org/en/list/1497/gallery/&maxrows=34 ）

❺ミステイクン・ポイントの化石を含む地層展示：展示品を撮影

第5章　古生代

19　進化のビッグバン【カンブリア紀】

❷カンブリア爆発で一気に多様性：田近英一監修「地球・生命の大進化」新星出版社（2012）の図を元に作成

❸5つの眼とオパビニア：©Jstubya（https://commons.wikimedia.org/wiki/File:Opabinia_smithsonian.JPG）

❹三葉虫の複眼：©Moussa Direct Ltd.（https://commons.wikimedia.org/wiki/File:Erbenochile_eye.JPG）

❻奇妙な姿のハルキゲニア：ヨーホー国立公園説明板

❽昆明魚（ミロクンミンギア）の化石と復元図：©Degan Shu（https://commons.wikimedia.org/wiki/File:Myllokunmingia_big.jpg）

❾昆明魚が多種多様な系統樹：澄江古生物研究所の野外展示の図を一部修正

❿レナ川の石柱群：©VasilyevaED（https://commons.wikimedia.org/wiki/File:Белые_ночи_на_территории_ЛС.jpg）

⓫三葉虫の祖先フィトフィラスピス：©Andre Yu. Ivantsov（https://commons.wikimedia.org/wiki/File:Phytophilaspis_holotype.png）

20　生き物の多様化―大量絶滅1【オルドビス紀】

❶オルドビス紀最強の捕食者オウムガイUSGSオルドビス紀復元図：USGS（https://www.usgs.gov/youth-and-education-in-science/paleozoic）の図を一部改変

❷オルドビス紀の大陸配置：ব্যা করণ（https://commons.wikimedia.org/wiki/File:৪৭অর্ডোভিশিয়ান.png）の図を元に作成

❸オルドビス紀の筆石：公園の案内板の図を一部改変

❺オルドビス紀のコノドント：公園の案内板の図を一部改変

❼分裂し始めたゴンドワナ大陸の大地溝帯：Oggmus（https://commons.wikimedia.org/wiki/File:Southern_Gondwana.png）の図を元に作成

21　植物の上陸と古大西洋の消滅【シルル紀】

❶シルル紀の想像図：USGS（https://commons.wikimedia.org/wiki/File:TTT_Silurian_(2).png）の図を一部改変

❸最初の陸上生物クックソニア：［化石写真］©福井県立恐竜博物館／［クックソニア復元図］©Ville Koistinen（https://commons.wikimedia.org/wiki/File:Cooksonia.png）

❹大陸衝突とイアペタス海の消滅：「週刊地球46億年の旅13」朝日新聞出版（2014）の図を元に作成

❺三葉虫のタイプ：［右］太平洋型　ディスカバリー・センターの展示を撮影／［左］大西洋型　©Ghedoghedo（https://commons.wikimedia.org/wiki/File:Paradoxides_gracilis.JPG）

❼大陸衝突の境界イアペタス縫合帯：Woudloper（https://commons.wikimedia.org/wiki/File:Iapetus_fossil_evidence_EN.svg）の図を一部改変

❽イアペタス海を挟んで三葉虫のタイプが異なる：ディスカバリー・センターの図を一部改変

P.S　ウミサソリ：［右／復元図］©Junnn11（https://commons.wikimedia.org/wiki/File:20210106_Jaekelopterus_rhenaniae.png）／［左／ウミサソリの大きさ比較］©Slate Weasel（https://commons.wikimedia.org/wiki/File:Mega-Eurypterids.svg）

22　動物の上陸―大量絶滅2【デボン紀】

❶デボン紀の想像図：©USGS（https://en.m.wikipedia.org/wiki/File:TTT_Devonian_(2).png）

❷魚類の進化：Epipelagic（https://upload.wikimedia.org/wikipedia/commons/e/e4/Fish_evolution.png）の図を一部改変

❸3.8億年前のミグアシャ：ミグアシャ自然史博物館の展示を撮影した写真を一部改変

❹魚類から両生類への進化：ジェニファ・A・クラック「手足を持った魚たち―脊椎動物の上陸戦略」講談社現代新書（2000）を一部改変

❺インド洋の深海底シーラカンス：ミグアシャ自然史博物館の展示を撮影した写真を一部改変

❼最古の樹木アーケオプテリスと復元図：ミグアシャ自然史博物館の展示を撮影した写真を一部改変

❽ユーステノプテロン・フォールディ：ミグアシャ自然史博物館の展示を撮影した写真を一部改変

❾脊椎動物の前肢骨格の関係：いちあっぷ「身体の仕組みから考える！動物の描き方に役立つ知識」，「構造の比較―図3　相同」，（2017），（https://ichi-up.net/2017/021）の図を元に作成

❿2010年に見つかったエルピストステゲ：ミグアシャ自然史博物館の展示を撮影した写真を一部改変

⓫立体的な構造を残すユーステノプテロン：ミグアシャ自然史博物館の展示を撮影した写真を一部改変
⓬板皮類ボトリオレピス：ミグアシャ自然史博物館の展示を撮影した写真を一部改変

23 巨木と森の爬虫類の出現【石炭紀】

❶石炭紀の世界：©USGS (https://www.usgs.gov/youth-and-education-in-science/paleozoic)
❷石炭紀の森：©Bibliographisches Institut (https://commons.wikimedia.org/wiki/File:Meyers_b15_s0272b.jpg)
❸シダ植物の幹：化石センターの展示を撮影
❹大気中の酸素と二酸化炭素の変化：［上段の酸素の変化］きのこらぼ (https://www.hokto-kinoko.co.jp/kinokolabo/science/42491/) の図を一部改変／「地球46億年の旅17」朝日新聞出版（2014）を一部改変
❻生きたまま化石化した鱗木：化石センターの案内板を撮影
❼メガネウラ：［写真］©Didier Descouens／［標本］トゥールーズ博物館 (https://commons.wikimedia.org/wiki/File:Meganeura_monyi_au_Museum_de_Toulouse.jpg) ／ (https://travelask.ru/blog/posts/13157-gigantskie-strekozy-meganevry-pochemu-oni-suschestvovali-v-d)
❽最古のハ虫類ヒロノムスの化石と復元図：化石センターの展示を撮影

24 超大陸パンゲアの誕生とサンゴの海【ペルム紀】

❶絶景をなすカルスト地形：［石林］©Chenyun (https://commons.wikimedia.org/wiki/File:%E7%9F%B3%E6%9E%97%E6%AD%A3%E9%97%A8.JPG) ／［ハロン湾］©Arianos (https://commons.wikimedia.org/wiki/File:Asia_Cruise_Junk_in_Halong_bay.JPG) ／［九寨溝］©Charlie fong (https://commons.wikimedia.org/wiki/File:%E4%B9%9D%E5%AF%A8%E6%B2%9F%E4%BA%94%E8%8A%B1%E6%B5%B7.jpg) ／［黄龍］©Kounosu (https://commons.wikimedia.org/wiki/File:Water-of-Five-colored-Pond_Huanglong_Sichuan_China.jpg)
❷超大陸パンゲア：©Stampfli & Borel 2000 (https://commons.wikimedia.org/wiki/File:280_Ma_plate_tectonic_reconstruction.png)
❸ペルム紀の想像図：©USGS (https://www.usgs.gov/youth-and-education-in-science/paleozoic)
❻ハロン湾のカルスト地形：©Ondřej Žváček (https://commons.wikimedia.org/wiki/File:Ha_Long_Bay.jpg)
❽黄龍：©Davidmaxwaterman (https://commons.wikimedia.org/wiki/File:HuangLong_2002-09-12_51.jpg)

25 超巨大噴火と生命絶滅の危機―大量絶滅3【ペルム紀】

❶地球史上最大プラタナ台地：©EugeneF (https://commons.wikimedia.org/wiki/File:Плато_Путорана_2.jpg)
❷地球史で5回起きた大量絶滅：「改訂版フォトサイエンス地学図録」（数研出版）の図を元に作成
❹古生代末に起きた大量絶滅のシナリオ：磯崎行雄「生命誌ジャーナル」（2005）(https://www.brh.co.jp/publication/journal/044/img/r11/zu04b_2.gif) の図を元に作成
❺ペルム紀後期に起きた地磁気異常：磯崎行雄「大量絶滅・プルーム・銀河宇宙線」、遺伝（2012）の図を元に作成
❻シベリア・トラップの分布：©Kaidor (https://commons.wikimedia.org/wiki/File:Extent_of_Siberian_traps-ru.svg)
❼洪水玄武岩プトラナ台地とラマ湖：©Vitaly Repin (https://commons.wikimedia.org/wiki/File:Putorana2._Lama_lake..jpg)
❽柱状節理が発達した洪水玄武岩：©EugeneF (https://commons.wikimedia.org/wiki/File:Водопад_на_плато_Путорана.jpg)
❾峨眉山山頂直下の洪水玄武岩：©張家界中国旅行社 (http://www.zhangjiajieholiday.com/Provinces/Sichuan/Attraction_Sichuan/1910.html)
❿中国の地質体と峨眉山洪水玄武岩：Shellnutt,J.G,"The Emeishan large igneous province:A synthesis,Geoscience Frontiers 5"(2014)の図を元に作成

第6章 中生代

26 恐竜の登場―大量絶滅4【三畳紀】

❶サンジョルジオ山：［上／サンジョルジオ山］©Roland Zumbühl（https://commons.wikimedia.org/wiki/File:Lake_Lugano.jpg）／［下／イスチグアラスト州立公園］©M.Bustos（https://commons.wikimedia.org/wiki/File:A_-_Valle_de_la_Luna,_el_hongo,_San_Juan,_Argentina.jpg）

❷三畳紀に登場した恐竜：©Carl Malamud（https://commons.wikimedia.org/wiki/File:Triassic_Mural.jpg）

❸三畳紀の水辺の森とプラケリアス：daveynin（https://commons.wikimedia.org/wiki/File:Exhibit_of_Triassic_Period_Treasure.jpg）化石の森国立公園の展示をトリミング

❹三畳紀末の大規模火山活動：Tomimatsu et al.「Global and Planetary Change」(2021)／神戸大学「Reserch at Kobe」（https://www.kobe-u.ac.jp/research_at_kobe/NEWS/news/2020_12_08_01.html）の図を元に作成

❺三畳紀のサンジョルジオ山付近で暮らしていた海の生き物たち：化石博物館展示の写真　化石博物館・メリデ（https://4travel.jp/travelogue/11221626）

❻細部の構造を留める化石：化石博物館・メリデのポストカード（https://postcardsblogatdustin.blogspot.com/2015/02/italy-monte-san-giorgio.html）

❼恐竜に近い主竜類のティキノスクス：化石博物館の展示写真（https://4travel.jp/travelogue/11221626）

❽海生爬虫類タニストロフェウス：©Renesto S & Saller F，(2018)，https://commons.wikimedia.org/wiki/File:Tanystrophaeus_recon_6.jpg

❾赤い砂岩層が露出するタランパジャ国立公園：©Paulakindsvater（https://commons.wikimedia.org/wiki/File:Talampaya_3.jpg）

❿三畳紀最強の捕食者サウロスクス：©Fernando de Gorocica（https://commons.wikimedia.org/wiki/File:Saurosuschus_Galilei.JPG）

⓫自然公園群で発見された動物：©Nobu Tamura（https://commons.wikimedia.org/wiki/File:Ischigualasto_NT.jpg）

⓬キノドン類のエクサエレトドン：©CT Snow（https://commons.wikimedia.org/wiki/File:Cynodont.jpg）

27 中生代の姿を留めるギアナ高地【三畳紀～】

❶ギアナ高地のクケナン山：©Paolo Costa Baldi（https://en.wikipedia.org/wiki/File:Kukenan_Tepuy_at_Sunset.jpg）

❷ギアナ高地のでき方：寺沢孝毅「月刊たくさんの不思議～ギアナ高地・謎の山テプイ」福音館書店（2021）の図を元に作成

❸カナイマ国立公園の地図：Thunderforestの地図を元に作成

❹標高2535mのアウヤンテプイとエンジェルフォール：©Heribert Dezeo（https://commons.wikimedia.org/wiki/File:Salto_Angel_-_Ca%C3%B1on_del_Diablo.JPG）

❺固有種のオレクタンテ：©Gérard Vigo（https://commons.wikimedia.org/wiki/File:Roraima_Orectanthe_sceptrum_Heliamphora_nutans.JPG）

❻中生代の姿を留めるカエル・オリオフリネラ：CharlesBesanconの図を一部改変（https://commons.wikimedia.org/wiki/File:Oreophrynella_quelchii.jpg）

❼ロライマ山［右奥］とクケナン山［左奥］：Paolo Costa Baldi

28 恐竜・裸子植物の繁栄と哺乳類の登場【ジュラ紀】

❶タスマニア原生地域の太古の森(上段)とジュラシック・コースト(下段)：［上段］タスマニア原生地域　©J Brew（https://commons.wikimedia.org/wiki/File:Eucalyptus_forest_and_button_grassland.jpg）／［下段］ジュラシックコースト　©Wilson44691（https://commons.wikimedia.org/wiki/File:PortlandCoast.JPG）

❷ジュラ紀の世界：©Gerhard Boeggemann（https://commons.wikimedia.org/wiki/File:Europasaurus_holgeri_Scene_cropped.jpg）

❸ジュラ紀の大陸分布：©USGS（https://www.usgs.gov/media/images/trek-through-time-graphics-cretaceous）

❹タスマニア原生地域のレインフォレスト：©Artefotograf（https://commons.wikimedia.org/wiki/File:Enchanted_Forest_-_Cradle_Mountain,_Tasmania.jpg）

❺シダ植物の木生シダ：Kahuroa（https://commons.wikimedia.org/wiki/File:Cyathea-med2.jpg）

❻裸子植物のペンシルパイン：©Mike Bayly（https://commons.wikimedia.org/wiki/File:Athrotaxis_cupressoides.jpg）／［ペンシルパインの葉］©James（https://commons.wikimedia.org/wiki/File:Athrotaxus_cuppresoides,_Cradle_Mountain_NP,_Tasmania_(2519944853).jpg）

❼被子植物の南極ブナ：©Pablo-flores（https://commons.wikimedia.org/wiki/File:Nothofagus_betuloides.jpg）／［南極ブナの葉］©PDKahuroa（https://commons.wikimedia.org/wiki/File:LophozoniaMenziesiiFoliage.jpg）

❽イギリスドーセット：©Paasikivi（https://commons.wikimedia.org/wiki/File:CoastalrockintheJurassi_Coast_DorsetEngland22263892945298045725812.jpg）

❾ドーセット：©Sean Davis（https://commons.wikimedia.org/wiki/File:Durdle_Door,_Dorset_(2004).jpg）

29　花崗岩の形成と山の多様性【白亜紀〜】

❶白亜紀の花崗岩からなる山々：［右上の弥山］©As6022014（https://commons.wikimedia.org/wiki/File:Mt.Misen.jpg）

❷世界遺産・厳島神社と弥山：©FriedBunny（https://commons.wikimedia.org/wiki/File:Itsukushima_(pano).jpg）

❸花崗岩と風化：©Daderot（https://commons.wikimedia.org/wiki/File:Mount_Misen_(Miyajima)_-_DSC02043.JPG）

❹白亜紀の花崗岩からなる険しい黄山：©Arne Hückelheim（https://commons.wikimedia.org/wiki/File:HuangShan.JPG）

❺断層運動によって急速隆起する黄山：NHK BS「体感！グレートネイチャー〜謎の立体山水画・中国大黄山」の図を元に作成

❻黄山に加わる力と白亜紀の花崗岩の形成域：NHKBS「体感！グレートネイチャー〜謎の立体山水画・中国大黄山」の図を元に作成

❽何度も氷河に覆われたヨセミテ渓谷：ヨセミテ国立公園の案内板を撮影

30　世界最古の砂漠の誕生【白亜紀】

❷中〜高緯度地域に広がる砂漠：サントリー株式会社，水大辞典「砂漠の気候―世界の砂漠分布図」（https://www.suntory.co.jp/eco/teigen/jiten/world/02/）を元に加筆・修正

❸大陸の西岸にできる西岸砂漠：Corrientes-oceanicas-en.svg（https://ja.wikipedia.org/wiki/%E6%B5%B7%E6%B5%81#/media/ファイル:Corrientes-oceanicas-en.svg）の図を加筆修正

❹宇宙から見たナミブ砂漠：©NASA（https://commons.wikimedia.org/wiki/File:Namib_desert_MODIS.jpg）

❺砂丘のでき方：ニッポニカ「日本大百科全書」（小学館）の図を参考に作成

❻三日月型砂丘と横列砂丘：©Martin Cígler（https://commons.wikimedia.org/wiki/File:Namibsk%C3%A1_pou%C5%A1%C5%A5_-_panoramio.jpg）

❼星型砂丘：©Cnes - Spot Image（https://commons.wikimedia.org/wiki/File:Namib_Desert_SPOT_1347.jpg）

31　巨大隕石の衝突と恐竜の絶滅―大量絶滅5【白亜紀】

❶メキシコのユカタン半島に衝突した巨大隕石：Mihai Andrei, "The catastrophic Chicxulub impact that wiped out the dinosaurs created a 15-year winter", (2023), https://www.zmescience.com/science/news-science/the-catastrophic-chicxulub-impact-that-wiped-out-the-dinosaurs-created-a-15-year-winter/）

❸重力異常とセノーテ：©NASA（https://commons.wikimedia.org/wiki/File:Chicxulub2.jpg）

❹白亜紀末の大量絶滅のシナリオ：各種資料を元に作成

❻白亜紀と古第三紀のＫ／Pg境界層：©Glenlarson (https://commons.wikimedia.org/wiki/File:KT_boundary_054.jpg)

❼ティラノサウルスの仲間アルバートサウルス：州立恐竜公園ビジターセンターの展示の写真

❾イリジウムが濃集するＫ／Pg境界12：©Chika Kietzmann, ステウンス・クリントのK-Pg境界 (https://chikatravel.com/2022/08/05/stevnsklint/)

❿デンマークのステウンス・クリント：©Ragnar (https://commons.wikimedia.org/wiki/File:Stevns_Klint_-_H%C3%B8jerup_Strand_(11).jpg)

第7章　新生代

32　哺乳類時代の幕開け【古第三紀】

❶古第三紀の始まり頃の想像図：©USGS (https://www.usgs.gov/media/images/trek-through-time-graphics-paleocene)

❷古第三紀の大陸分布：Fernando (https://lapaleontologiaencolombia.blogspot.com/2012/08/fauna-del-cenozoico-de-colombia-ii.html)の古地理図を元に加筆

❸初期の霊長類カルポレステス：©PlesiadapisZICA (https://commons.wikimedia.org/wiki/File:CarpolestesCL.png)

❹メッセルピット：©Wilson44691 (https://commons.wikimedia.org/wiki/File:MesselFossilPit081310.JPG)

❺くん製のように細部まで保存された淡水魚パーチ：©Petter Bøckman (https://commons.wikimedia.org/wiki/File:Palaeoperca_proxima.jpg)

❻原色を保つ美しい昆虫：©Torsten Wappler, Hessisches Landesmuseum Darmstadt (https://commons.wikimedia.org/wiki/File:Prachtk%C3%A4fer_aus_der_Grube_Messel.JPG)

❼保存状態の良い初期霊長類のダーウィニウス：©Jens L. Franzen, Philip D. Gingerich, Jörg Habersetzer1, Jørn H. Hurum, Wighart von Koenigswald, B. Holly Smith (https://en.wikipedia.org/wiki/File:Darwinius_masillae_PMO_214.214.jpg)

❽メッセルピット断面図：PePeEfe (https://commons.wikimedia.org/wiki/File:Geolog%C3%ADa_del_yacimiento_de_Messel_en_el_Eoceno.svg) の図を一部改変

33　新期造山帯（大山脈）の形成【古第三紀～第四紀】

❶新期造山帯の山々：［右上／サガルマータ］©Uwe Gille (https://commons.wikimedia.org/wiki/File:Everest-fromKalarPatar.jpg) ／［左下位置図／カナディアン・ロッキー］©Tobias Alt, Tobi 87 (https://en.wikipedia.org/wiki/File:Peyto_Lake-Banff_NP-Canada.jpg)

❷世界の造山帯と安定陸塊：「受験地理B短期マスター塾」 (https://juken-geography.com/systematic/dai-chikei/) の図を大幅改変

❸新期造山帯に属するサガルマータ国立公園：©Vyacheslav Argenberg (https://commons.wikimedia.org/wiki/File:Everest,_Nuptse,_Khumbu_Glacier,_Nepal,_Himalayas.jpg)

❹ナスカプレートの衝突がアンデス山脈と火山を造った：各種資料を元に作成

❺衝突直前のインド亜大陸：ポカラ国際山岳博物館の展示を撮影

❼石灰岩や変成岩の３名峰：©Kuebi = Armin Kübelbeck (https://commons.wikimedia.org/wiki/File:Eiger_M%C3%B6nch_Jungfrau_01.jpg)

P.S　マッターホルンと断面図：今永勇／神奈川県立生命の星地球博物館・自然科学のとびら，第10巻第2号「丹沢山地とスイスアルプス」 (2004) の「図6・10」の図を元に作成

❾険しくも美しいカナディアン・ロッキー：©Lake O'Hara (https://www.wikiwand.com/en/Ringrose_Peak)

34　海へ戻った哺乳類（クジラ）【古第三紀】

❶ワディ・アル・ヒタン（クジラ渓谷）：©UNESCO (https://whc.unesco.org/en/documents/113618)

❷発掘現場に展示されたバシロサウルス：©Mohammed aliMoussa (https://commons.wikimedia.org/wiki/File:Wadi_Al-Hitan.jpg)

❸バシロサウルスの復元図：©Nobu Tamura (https://commons.wikimedia.org/wiki/File:Basilosaurus_BW.jpg)

❹ドルドンの骨格復元：©Ellen (https://commons.wikimedia.org/wiki/File:Dorudon_atrox_skeleton.jpg)

❺化石化したマングローブの森：©أحمد شعبان محمدى_واحـة (https://commons.wikimedia.org/wiki/File:محمية_وادي_الحيتان_بالفيوم_-_بمحافظة_مرسى_العربية_12.jpg)

❻クジラ渓谷の野外展示：©AhmedMosaad (https://commons.wikimedia.org/wiki/File:The_whales_fossils.jpg)

35　地中海の消滅と再生【新第三紀】

❶海が干上がり砂漠と化した地中海：©Paubahi (https://commons.wikimedia.org/wiki/File:Etapa3muda.jpg)

❷現在の地中海：NASA「World Wind」で作成

❸地中海を再生させた史上最大級の大洪水：©Paubahi (https://commons.wikimedia.org/wiki/File:Insetinundacio.jpg)

❹イビサ島北部の海岸：©Matthias Prinke (https://commons.wikimedia.org/wiki/File:Eivissa_portinatx_1-2003_05.jpg)

❺地中海に広く分布する蒸発岩：黒田 潤一郎／地質学雑誌「海盆の蒸発：蒸発岩の堆積学とメッシニアン期地中海塩分危機」（2014）の図を元に作成

❻アルハンブラ宮殿：©Jebulon (https://commons.wikimedia.org/wiki/File:Alhambra_detail.jpg)

❼アルハンブラ宮殿のバルコニー：©Leronich (https://commons.wikimedia.org/wiki/File:Lindaraja_window,_the_Liones_Palace,_Alhambra,_Granada.JPG)

36　人類の誕生と進化【第四紀】

❷東アフリカ大地溝帯の世界遺産：Thunderforest (https://www.thunderforest.com/) の地図を利用

❺ラエトリ遺跡の足跡：ンゴロンゴロ自然保護区ビジターセンターの展示を撮影

❻トゥルカナボーイの骨格化石と環境復元図：ナイロビ国立博物館の展示／©Ruslik0 (https://commons.wikimedia.org/wiki/File:Nairobi_National_Museum_03.JPG)

❼サディマン火山のアファール猿人：ンゴロンゴロ自然保護区ビジターセンターの展示を撮影

37　氷河時代の襲来【第四紀】

❷地球の自転軸と公転軌道の変化：©NASA, meteoclimat. (https://de.m.wikipedia.org/wiki/Datei:Earth_precession.svg、https://meteoclimat.wordpress.com/2009/02/07/cykle-milankovica/) を元に編図

❸ミランコビッチサイクルと氷床の量の関係：Robert A. Rohde (https://commons.wikimedia.org/wiki/File:Milankovitch_Variations.png) の図を一部改変

❺最終氷期の北半球の氷河分布：©Hannes Grobe/AWI (https://commons.wikimedia.org/wiki/File:Northern_icesheet_hg.png)

❻最近のアサバスカ氷河：©Yo Hibino (https://commons.wikimedia.org/wiki/File:Columbia_Icefields_and_blue_sky.jpg)

❼1919年のアサバスカ氷河：公園内の案内板の写真をトリミング

38　超巨大噴火―人類への脅威【第四紀】

❶イエローストーンの熱水プール：©Brocken Inaglory (https://cdn.suwalls.com/wallpapers/nature/grand-prismatic-spring-41162-2560x1440.jpg)

❷トバ火山の噴火の始まり想像図：Smithsonian's Global Volcanism Program (https://commons.wikimedia.org/wiki/File:Tobaeruption.png) の図を元に作成

❸超巨大噴火のマグマ噴出量：高橋正樹「破局噴火」祥伝社新書（2008）の図を元に作成

❹イエローストーン国立公園の地質：Rye R.O. and Truesdell,A.H.「The Question of Recharge to the Deep Thermal Reservoir Underlying the Geysers and Hot Springs of Yellowstone National Park、USGS Professional Paper、1717」（2007）（http://pubs.usgs.gov/pp/1717/）の図を元に作成

❼3つのカルデラからなるイエローストーン：US NPS, Henry Heasler and Cheryl Jaworowski(2013)の図を一部改変

P.S　トバカルデラ衛星イメージ：NASA Landsat（https://commons.wikimedia.org/wiki/File:Toba_zoom.jpg）の画像に一部加筆

39　ホモサピエンスの登場【第四紀】

❶最古のホモサピエンス：©Céline Vidal（https://www.dailysabah.com/life/history/one-of-the-oldest-human-fossils-is-older-than-previously-thought）

❷オモ川下流域の位置：Carport（https://commons.wikimedia.org/wiki/File:Ethiopia_relief_location_map.jpg）の図に一部加筆

❸6オモ川下流域頭骨：©U.S. National Science Foundation（https://www.nsf.gov/news/news_images.jsp?cntn_id=102968&org=NSF）

❹各人類の分布：©NordNordWest（https://commons.wikimedia.org/wiki/File:Spreading_homo_sapiens_la.svg）

❺1967年から30数年の時を経てぴたりとつながった大腿骨の破片：©U.S. National Science Foundation（https://www.nsf.gov/news/news_images.jsp?cntn_id=102968&org=NSF）

❻オモ1サイトの再発掘調査：U.S. National Science Foundation, ©John Fleagle, Stony Brook University（https://www.nsf.gov/news/news_images.jsp?cntn_id=102968&org=NSF）

❼オモ1、2の石器：©U.S. National Science Foundation（https://www.nsf.gov/news/mmg/mmg_disp.jsp?med_id=57104&from=mmg）

40　氷河とアイソスタシー【第四紀】

❶氷河が溶けて隆起を続ける海：©Suomi"Saarten ja vetten maa"（https://mmm.fi/documents/1410837/1948019/Suomi_Saarten_ja_vetten_maa_esite_suomi.pdf/）

❷スカンジナビア半島の隆起量：「高等学校地学Ⅰ」（2006）啓林館　の図を元に作成

❹スウェーデンのハイコースト：©Pudelek（https://commons.wikimedia.org/wiki/File:High_Coast_(H%C3%B6ga_kusten)_-_by_Pudelek_4.jpg）

❺1万年前の海岸線を留めるスキューレ山：©Zejo（https://commons.wikimedia.org/wiki/File:Skuleberget.jpg）

❻クヴァルケン群島の地形：Thunderforestの地図に加筆

❼隆起を続けるクヴァルケン群島の海岸：©Erik Wannee（https://commons.wikimedia.org/wiki/File:Svedjehamn_panorama_sett_fr%C3%A5n utsiktstornet_Saltkaret.jpg）

索 引

な・は行

ま・や・ら・わ行

著者略歴

古儀 君男 （こぎ きみお）

ジオサイエンス・ライター。1951 年生まれ。

元京都府立高等学校教諭。

金沢大学大学院理学研究科修士課程修了。

専攻は地質学、火山学。世界各地の自然遺産や地質の名所を訪ね歩き、地質や地震・
火山などについての市民学習会を行うなど「地学」の普及に努める。

著書に『核のゴミ〜「地層処分」は 10 万年の安全を保証できるか ?!』(合同出版)、

『地球ウォッチング 2 〜世界自然遺産見て歩き』(本の泉社)、

『火山と原発』(岩波ブックレット)、『地球ウォッチング〜地球の成り立ち見て歩き』

(新日本出版社)、『新・京都自然紀行』(共著、人文書院)、

『京都自然紀行』(共著、人文書院) などがある。

監修者略歴

竹内 章 （たけうち あきら）

1950 年生まれ。大阪市立大学大学院理研究科博士課程単位修得退学。

理学博士（地質学）。

有人潜水船「しんかい 6500」を用いた深海底調査をはじめ、

海陸の地殻変動と防災に関する調査研究に携わる。

著書に、『アジアの変動帯』(海文堂出版)、

『火山とプレートテクトニクス』(東京大学出版会)、

『海の力』(角川書店)、『地形の事典』(朝倉書店)、

学術論文に『北陸の地体構造と地震・地震災害』(地盤工学会誌)、

『地質構造から見た富山湾と北アルプス』(ビオストーリー)、

『富山トラフおよび周辺海域のネオテクトニクス』(地質学雑誌) などがある。

本書へのご意見、ご感想について

本書に関するご質問については、下記の宛先にFAXもしくは書面、小社ウェブサイトの本書の「お問い合わせ」よりお送りください。

電話によるご質問および本書の内容と関係のないご質問につきましては、お答えできかねます。あらかじめ以上のことをご了承の上、お問い合わせください。

ご質問の際に記載いただいた個人情報は質問の返答以外の目的には使用いたしません。また、質問の返答後は速やかに削除させていただきます。

〒162-0846 東京都新宿区市谷左内町21-13
株式会社技術評論社　書籍編集部
「知っておきたい地球史の重大イベント40」質問係

FAX番号：03-3267-2271

本書ウェブページ：https://gihyo.jp/book/2024/978-4-297-14053-3

本書ウェブページの
QRコード

カバー・本文デザイン
神永愛子（primary inc.,）
DTP・図版
松尾美恵子／山口勉
（primary inc.,）
カバー・本文イラスト
ササオカミホ（SASAMI-GEO-SCIENCE, inc. ）
編集
最上谷栄美子

ビジュアルはてなマップ

現地調査で実感!　知っておきたい地球史の重大イベント40
～世界自然遺産が伝える地球の成り立ち～

2024年　5月　16日　初版　第1刷発行

著　者　　古儀 君男
監　修　　竹内 章
発行者　　片岡 巌
発行所　　株式会社技術評論社
　　　　　東京都新宿区市谷左内町21-13
　　　　　電話　03-3513-6150　販売促進部
　　　　　　　　03-3267-2270　書籍編集部
印刷／製本　大日本印刷株式会社

定価はカバーに表示してあります。

造本には細心の注意を払っておりますが、万一、乱丁（ページの乱れ）や落丁（ページの抜け）がございましたら、小社販売促進部までお送りください。送料小社負担にてお取り替えいたします。

ISBN 978-4-297-14053-3 C3040
Printed in Japan